Ranjith C. V.

Os invasores verdes de Kerala

Ranjith C. V.

Os invasores verdes de Kerala

Estudo de espécies de plantas invasoras em Kerala

ScienciaScripts

Imprint
Any brand names and product names mentioned in this book are subject to trademark, brand or patent protection and are trademarks or registered trademarks of their respective holders. The use of brand names, product names, common names, trade names, product descriptions etc. even without a particular marking in this work is in no way to be construed to mean that such names may be regarded as unrestricted in respect of trademark and brand protection legislation and could thus be used by anyone.

Cover image: www.ingimage.com

This book is a translation from the original published under ISBN 978-620-6-77275-0.

Publisher:
Sciencia Scripts
is a trademark of
Dodo Books Indian Ocean Ltd. and OmniScriptum S.R.L publishing group

120 High Road, East Finchley, London, N2 9ED, United Kingdom
Str. Armeneasca 28/1, office 1, Chisinau MD-2012, Republic of Moldova, Europe
Printed at: see last page
ISBN: 978-620-7-98165-6

As invasoras verdes de Kerala: Um estudo sobre espécies de plantas invasoras em Kerala

RANJITH C. V.

Índice

INTRODUÇÃO

A biodiversidade, a variedade de vida na Terra, engloba as diferentes plantas, animais e microorganismos, a informação genética que transportam e os ecossistemas que formam. Esta intrincada rede de vida é essencial para a estabilidade e a resiliência dos ambientes naturais. Apoia serviços ecossistémicos como a polinização, o ciclo de nutrientes e a regulação do clima, que são cruciais para a sobrevivência e o bem-estar humanos. Na vasta tapeçaria da biodiversidade, as espécies exóticas - também conhecidas como espécies não-nativas, exóticas ou introduzidas - são organismos que foram transportados, intencional ou acidentalmente, para fora dos seus habitats naturais. As espécies que se estendem para além dos seus habitats nativos e se estabelecem em novos ambientes são conhecidas como espécies exóticas. Quando estas espécies se estabelecem e se propagam em novos ambientes, podem ter impactos profundos nos ecossistemas nativos e nas espécies que os habitam. Em novos locais, estas espécies escapam frequentemente aos predadores e controlos naturais que limitavam as suas populações nos seus habitats originais, levando a um rápido crescimento populacional se as condições ambientais forem favoráveis. Quando estas espécies exóticas se espalham extensivamente e deslocam as espécies nativas, tornam-se conhecidas como espécies exóticas invasoras.

As espécies exóticas podem ser introduzidas através de várias vias, incluindo o comércio global, as viagens e a circulação de bens e pessoas. A horticultura, a agricultura e o comércio de animais de estimação são fontes comuns de introduções, enquanto que as introduções também ocorrem frequentemente através de navios, carga contaminada e contentores de transporte internacional. A introdução destas espécies em novos ambientes pode ser dividida em duas: acidental ou intencional. As introduções acidentais ocorrem quando as plantas ou as suas partes apanham boleia em veículos, viajam como contaminantes em grãos alimentares ou forragens, ou são transportadas na água de lastro dos navios. As introduções intencionais são efectuadas para fins como a agricultura, a horticultura, a silvicultura e a plantação estética. Se estas espécies introduzidas não forem adequadamente controladas quanto ao seu potencial invasor, podem propagar-se para além das áreas plantadas e afetar significativamente a vegetação local.

Embora algumas espécies exóticas tenham sido benéficas - fornecendo alimentos, medicamentos e valor ornamental - outras tornaram-se invasoras, causando danos ecológicos e económicos significativos. A distinção entre uma introdução benigna e uma ameaça invasora é um aspeto crítico para a compreensão do impacto das espécies exóticas na biodiversidade.

Várias caraterísticas permitem que as espécies exóticas se tornem invasoras. As espécies invasivas são um subconjunto de espécies exóticas que proliferam rapidamente e competem com as espécies nativas pelos recursos. A sua introdução conduz frequentemente a um declínio da biodiversidade nativa, alterando a estrutura e a função dos ecossistemas. As espécies invasivas podem modificar os habitats, alterar as cadeias alimentares e introduzir doenças às quais as espécies nativas não têm resistência. Uma caraterística fundamental das espécies invasoras é a sua capacidade de produzir grandes quantidades de pequenas sementes que são facilmente dispersas a longas distâncias pelo vento e pela água. Estas sementes têm frequentemente um longo período de dormência e o seu grande número aumenta a pressão sobre os habitats nativos, obrigando as espécies nativas a competir com numerosas sementes invasoras. Além disso, muitas espécies invasoras são colonizadoras precoces, capazes de prosperar em ambientes com poucos recursos. Estabelecem-se rapidamente e crescem rapidamente, explorando lacunas de queda de árvores, florestas degradadas e orlas florestais mais eficazmente do que as espécies nativas.

As plantas invasoras produzem frequentemente aleloquímicos que inibem o crescimento de plantas autóctones próximas. A sua plasticidade fenotípica permite-lhes adaptarem-se a vários habitats, como se verifica nas espécies que mudam a sua forma de crescimento em função da proximidade de outras plantas. Estas espécies reproduzem-se frequentemente de forma sexuada e vegetativa, o que lhes permite propagarem-se ao longo do ano.

O impacto das espécies exóticas invasoras nos ecossistemas nativos é substancial. Deslocam diretamente as plantas nativas, alterando o perfil químico do solo, oferecendo melhores recompensas aos polinizadores e reduzindo assim o sucesso reprodutivo das espécies nativas. Podem alterar os regimes hidrológicos, tornar os habitats mais propensos a incêndios, limitar a eficiência fotossintética das plantas autóctones ao reduzir a disponibilidade de luz e exigir a aplicação de herbicidas, afectando tanto a flora como a fauna. Esta deslocação leva a uma redução da disponibilidade de recursos florestais, como plantas medicinais e madeira. A gestão destas espécies invasoras exige frequentemente recursos financeiros significativos para a monda das plantações florestais, especialmente durante as fases iniciais de estabelecimento, quando a copa das árvores está aberta e é mais vulnerável à invasão.

O impacto na fauna também é crítico. Em locais como o Parque Nacional de Kaziranga, o movimento de animais como o rinoceronte de um chifre tem sido restringido por densos matagais de plantas invasoras. Estas plantas podem também eliminar as fontes de alimentação da fauna nativa e tornar os habitats mais susceptíveis aos incêndios. Ao contrário do que se pensava, os habitats naturais não são imunes às invasões de espécies exóticas. As espécies invasoras apresentam uma diversidade de estratégias de sobrevivência que lhes permite adaptarem-se a vários ecossistemas, incluindo florestas de copas fechadas. Com as alterações climáticas globais e as alterações associadas nos habitats locais, prevê-se que a ameaça representada pelas espécies exóticas invasoras aumente.

A ecologia, a economia e a biodiversidade de Kerala estão a enfrentar ameaças significativas por parte de algumas das espécies de plantas e animais invasoras mais nocivas e disseminadas do mundo. Os peritos referem que cinco das dez espécies exóticas mais disseminadas a nível mundial se encontram no estado. Estas incluem o jacinto de água, conhecido localmente como payal africano, *a Lantana camara* (referida como Konkini ou Arippoo), *a Chromolaena odorata* (pacha comunista), a *Ricinus communis* (avanakku) e *a Leucaena Ieucocephala* (ipil ipil).

Para além destas plantas, espécies invasoras com impacto global, como a mosca da fruta oriental, o caracol gigante africano *(Achatina fulica)* e a carpa comum estão a ameaçar as espécies nativas de Kerala. O caracol gigante africano, introduzido acidentalmente através do comércio, tornou-se uma praga significativa, afectando a agricultura e a horticultura. Os caracóis consomem uma vasta gama de culturas, incluindo produtos hortícolas, plantas ornamentais e mesmo árvores jovens, provocando perdas económicas substanciais para os agricultores. Além disso, podem transportar nemátodos parasitas, constituindo uma ameaça para a saúde humana e animal. O estado também está a sofrer os impactos negativos da cochonilha da mandioca e do vírus da dengue, ambos causando perdas agrícolas e problemas de saúde generalizados.

Outra espécie invasora problemática em Kerala é a tartaruga de orelhas vermelhas *(Trachemys scripta elegans)*. Popular no comércio de animais de estimação, muitas destas tartarugas foram libertadas na natureza por proprietários de animais de estimação. Nas massas de água de Kerala, competem com as espécies de tartarugas autóctones por alimentos e locais de repouso, o que pode levar ao declínio das populações de tartarugas autóctones. A sua presença também perturba os ecossistemas aquáticos, alterando a dinâmica da cadeia alimentar.

O ambiente e a biodiversidade únicos de Kerala estão cada vez mais ameaçados pela propagação de espécies invasoras. Estas espécies invasoras não só ultrapassam as espécies nativas como também causam problemas ecológicos, económicos e de saúde significativos. A resolução do problema das espécies invasivas em Kerala exige esforços coordenados de sensibilização do público, medidas rigorosas de biossegurança e estratégias de gestão eficazes para preservar o rico património natural do Estado.

A proliferação de espécies invasivas constitui uma ameaça global significativa para a biodiversidade e os serviços ecossistémicos, causando alterações ambientais irreversíveis em todos os ecossistemas (IUCN). Em Kerala, as espécies de plantas exóticas invasoras representam uma ameaça potencial para a biodiversidade, embora os seus impactos não estejam completamente estudados, especialmente nas zonas protegidas do Estado. A vigilância e a monitorização regulares das espécies invasoras nestas áreas protegidas são essenciais para identificar novas invasões e desenvolver estratégias para erradicar ou gerir a propagação destas espécies.

Para enfrentar os desafios colocados pelas espécies exóticas é necessária uma abordagem multifacetada. A prevenção, a deteção precoce, a resposta rápida e as estratégias de gestão eficazes são cruciais. A sensibilização do público, o desenvolvimento de políticas e a cooperação internacional desempenham um papel essencial na atenuação dos impactos das espécies invasivas.

Este livro investiga as espécies de plantas invasoras comuns em Kerala, explorando as suas caraterísticas, os desafios ambientais que colocam e as estratégias para gerir a sua propagação. Ao examinar plantas invasoras específicas, o livro destaca a forma como estas espécies perturbam os ecossistemas locais, ultrapassam a flora nativa e afectam a biodiversidade. As descrições pormenorizadas de cada planta, juntamente com uma visão dos seus efeitos ecológicos, proporcionam uma compreensão abrangente do problema. Além disso, o livro descreve técnicas práticas de gestão e medidas de controlo, com o objetivo de dotar os leitores de conhecimentos que lhes permitam abordar eficazmente a questão das plantas invasoras e ajudar a preservar a rica biodiversidade de Kerala.

Camonea vitifolia

A Camonea vitifolia (Burm,f.) A.R.Simões & Staples, vulgarmente conhecida por roseira-brava, é uma espécie de planta com flor da família da glória-da-manhã, Convolvulaceae. Anteriormente, *a C. vitifolia* era vulgarmente conhecida como *Merremia vitifolia.* Por isso, em muitas literaturas era citada como *M. vitifolia.* Nativa de regiões tropicais, esta planta é conhecida pelo seu hábito trepador vigoroso e folhagem distinta, que se assemelha à das folhas de uva. Produz flores amarelas brilhantes, em forma de trombeta, que conferem um valor ornamental aos jardins e às paisagens. *A Merremia vitifolia* desenvolve-se bem em solos bem drenados com muita luz solar e é frequentemente encontrada em áreas perturbadas, como bermas de estradas e margens de florestas. *A M. vitifolia* ocorre em regiões com ou sem uma estação seca forte, em prados abertos, matagais, sebes, ao longo de campos, em florestas de teca, ao longo de orlas de florestas secundárias, em margens de rios e bermas de estradas, desde o nível do mar até 900 m de altitude. Devido ao seu crescimento robusto, pode por vezes tornar-se invasora, ultrapassando a vegetação nativa.

Posição sistemática

Família: Convolvulaceae

Género: *Merremia*

Espécies: *M. vitifolia*

Camonea vitifolia, também conhecida pelos seus sinónimos *Merremia vitifolia, Convolvulus vitifolius, Ipomoea vitifolia.* Em inglês, é Grape-leaf Wood Rose. Na Índia, é vulgarmente designada por Digi-lewa, Manja kolambi valli, Manja vayaravalli

Descrição

Camonea vitifolia

A Merremia vitifolia (Burm. fil.) Hall. fil. é uma planta trepadeira de grande porte, com 2 a 5 metros de comprimento, com caules cilíndricos que se tornam estriados e lisos ou cobertos de pêlos brancos visíveis à medida que amadurecem. As folhas têm uma forma orbicular, medindo aproximadamente 5-18 cm por 5-16 cm, com uma base cordada e palmada com 5-7 lóbulos amplamente triangulares a lanceolados. O ápice da folha varia de acuminado a obtuso, e a margem é grosseiramente dentada a crenada, com a superfície esparsa a densamente pilosa. Os pecíolos medem cerca de 215 cm de comprimento.

As flores, que surgem em cachos de 1-3 (por vezes até 5), têm pedúnculos de 1-15 cm de comprimento e apresentam pequenas brácteas. Os botões florais são estreitamente ovóides ou agudos, com pedicelos de 8-20 mm de comprimento, e tornam-se em forma de taco nos frutos. As sépalas são oblongas a ovado-oblongas, pontilhadas de pontos glandulares pelúcidos, medindo 12-20 mm de comprimento e, nos frutos, estendem-se até 20-25 mm, tornando-se espessas, sublepúreas e esbranquiçadas no interior. As pétalas são em forma de funil, medindo 4-6 cm de comprimento, com lóbulos obtusos e bandas medianaspetalinas distintas, com 5 nervuras. As flores são amarelas brilhantes, tornando-se mais pálidas em direção à base, com anteras torcidas em espiral.

A cápsula da *Merremia vitifolia* é ligeiramente esférica, com cerca de 12 mm de altura, e tem uma textura de papel e cor de palha. As sementes são pretas, lisas e glabras, medindo cerca de 6-7 mm de comprimento.

Distribuição

A Merremia vitifolia está amplamente distribuída, desde a Índia, as ilhas Andaman e o Sri Lanka até à Indochina e em toda a região malesiana.

Utilizações

A Merremia vitifolia (Burm.f.) Hallier f. é uma planta com um valor etnomedicinal significativo, tradicionalmente utilizada em zonas tribais para tratar várias doenças como febre, dores de cabeça, inflamação ocular, reumatismo, disenteria, iterícia e doenças urinárias. Na medicina indígena, *a Ipomoea reniformis,* também conhecida como *Merremia emarginata* (Burm.f.) Hallier f., é reputada pela sua eficácia no tratamento da tosse, dor de cabeça, nevralgia, reumatismo e inflamação. É também utilizada como diurético e para controlar a febre devida ao aumento do fígado e a doenças renais. As comunidades tribais utilizam *a Merremia emarginata* pelas suas propriedades desobstruentes e diuréticas, bem como no tratamento de reumatismo, nevralgia, feridas cancerosas, enxaquecas, necessidades purgativas, picadas de cobra, úlceras, abcessos e inchaço glandular.

Impacto

A Merremia vitifolia, embora valorizada pelas suas utilizações etnomedicinais, também suscita preocupações ambientais significativas enquanto espécie invasora. O seu crescimento rápido e o seu hábito trepador vigoroso permitem-lhe dominar rapidamente e sufocar a vegetação nativa. Ao formar tapetes densos, pode competir com a flora local pela luz solar, nutrientes e espaço, levando a uma redução da biodiversidade. Esta deslocação das plantas nativas pode perturbar os ecossistemas locais, afectando as espécies que dependem da vegetação nativa para alimentação e habitat. Além disso, a sua capacidade de se adaptar a uma variedade de condições ambientais e de produzir numerosas sementes facilita a sua propagação, tornando-a difícil de controlar uma vez estabelecida. A alteração dos habitats pela *Merremia vitifolia* também pode ter efeitos em cascata na comunidade ecológica mais alargada, incluindo alterações na composição do solo e na disponibilidade de água, afectando ainda mais as populações de plantas e animais nativos.

A propagação da *Merremia vitifolia* pode ser rápida, com videiras capazes de crescer até 30 cm por dia e novas plantas a desenvolverem-se à medida que as raízes se formam a partir dos nós. Em distâncias maiores, propaga-se por sementes, embora a vitalidade das sementes seja baixa nas Ilhas Salomão. As sementes e as estacas também podem ser transportadas por maquinaria. As introduções deliberadas ocorrem quando a planta é utilizada como ornamental ou como cobertura do solo para evitar a erosão. Nas Ilhas Salomão, as actividades de exploração madeireira que removem a copa das árvores promovem o crescimento maciço de *Merremia*, que tem de ser removida antes de se iniciar a replantação e mantida sob controlo durante as primeiras fases de crescimento das árvores jovens. Os programas de replantação de coqueiros na década de 1980 estimaram que o controlo da *Merremia* representava 30% dos custos anuais recorrentes.

Diz-se também que os danos causados pelos ciclones às florestas contribuem para o aumento da agressividade da *Merremia* nas ilhas do Pacífico, sendo citados como exemplos os ciclones de A e Val que atingiram Samoa no início da década de 1990. Sugere-se que perturbações como os ciclones e a deslocação das culturas, mais do que a competição com a *Merremia*, constituem uma ameaça maior para as florestas nativas.

Prevenção e controlo

Controlo biológico

A Merremia vitifolia suscita preocupações significativas em termos de biossegurança, especialmente em países onde ainda não se estabeleceu. Os países devem considerar cuidadosamente todas as vias potenciais para a sua entrada e aplicar medidas de quarentena em conformidade. De particular importância é o papel do comércio nacional e internacional de plantas ornamentais, que pode facilitar a propagação desta infestante invasora. Vale a pena notar que as sementes de *Merremia vitifolia* podem mesmo ser compradas em linha, o que realça ainda mais a necessidade de medidas de biossegurança robustas.

Métodos físicos e mecânicos

Os métodos físicos e mecânicos de controlo *da Merremia vitifolia* incluem o corte e a ceifa, que podem ser eficazes se houver mão de obra suficiente. No entanto, estes métodos têm a desvantagem de promover o crescimento de novos rebentos vigorosos, uma vez que os pedaços de caule produzidos durante o corte ou a ceifa podem enraizar-se e dar origem a novas plantas. Uma outra abordagem consiste em permitir que o gado se alimente e pise as videiras, uma vez que se sabe que este gosta de *Merremia.* A extração manual é também eficaz, mas difícil, particularmente quando se trata de vinhas grossas e tubérculos firmemente enraizados no solo.

Em termos de espaçamento, a redução do espaçamento das árvores de plantação pode ajudar a inibir o crescimento agressivo da *Merremia*, uma vez que esta se desenvolve em plena luz solar. Além disso, manter práticas de higiene adequadas é crucial para evitar a propagação da *Merremia*. Os veículos e as máquinas agrícolas devem ser tratados, especialmente quando se deslocam de áreas onde a erva ocorre para áreas sem erva. Esta prática é igualmente importante para a maquinaria que é importada para um país ou deslocada dentro de um país, para evitar a introdução não intencional ou a propagação da *Merremia.*

Métodos de controlo químico

Os métodos de controlo químico para a gestão da *Merremia vitifolia* envolvem a aplicação de herbicidas, tendo em conta vários factores, como o terreno e as condições meteorológicas. Waterhouse & Norris destacam os desafios da pulverização de herbicidas em terrenos acidentados com detritos de madeira e crescimento denso de videiras, particularmente quando é difícil assegurar períodos sem chuva de 4-6 horas. Os herbicidas recomendados para controlar *a Merremia vitifolia* incluem o MCPA, que está registado na Austrália, e noutros locais, aplicações foliares de 2,4-D, MCPA, dicamba, triclopyr, picloram e glifosato, com exemplos como o Fiji. As aplicações em videiras de corte são aconselhadas a utilizar triclopyr ou glifosato, especialmente em regiões como as Fiji. Sugere-se que, para aplicações foliares, cortar as plantas antes de pulverizar o novo crescimento pode otimizar a eficácia.

Controlo biológico

O controlo biológico constitui uma abordagem promissora para a gestão da *Merremia vitifolia.* Um estudo neozelandês identificou-a como uma das 24 principais ervas daninhas candidatas ao controlo biológico clássico nos países insulares do Pacífico, salientando o potencial de utilização de inimigos naturais para atenuar o seu impacto. A investigação que documenta as perspectivas de controlo biológico oferece informações valiosas para o desenvolvimento de estratégias de gestão eficazes para esta espécie invasora.

Chromolaena odorata

A Chromolaena odorata (L.) R.M.King & H.Rob., membro da família Asteraceae, é um arbusto florido nativo das Américas, desde os Estados Unidos até à América do Sul. Foi também introduzido na Ásia tropical, na África Ocidental e em partes da Austrália. Vulgarmente conhecida como erva daninha do Sião ou planta rouge, entre outros nomes, é considerada uma espécie invasora nos seus habitats não nativos. Em África, é particularmente problemática, impedindo a regeneração de árvores em zonas de cultivo itinerante e afectando a diversidade de espécies na África Austral. No Sri Lanka, é uma erva daninha significativa em zonas perturbadas e plantações de coqueiros, colocando desafios à gestão do ecossistema.

Posição sistemática

Família: Asteraceae

Género: *Chromolaena*

Espécies: *C. odorata*

Descrição

Chromolaena odorata

A Chromolaena odorata, caracterizada pela sua natureza herbácea perene, cresce tipicamente em arbustos densos que atingem alturas de 1,5-2,0 m, embora possa subir até 6 m quando suportada por outras plantas. Os seus caules são altamente ramificados, com ramos laterais que surgem aos pares a partir dos botões axilares. Enquanto os caules mais velhos se tornam lenhosos e castanhos na base, os rebentos mais novos permanecem verdes e suculentos. O sistema radicular é constituído por raízes fibrosas que geralmente não se estendem para além de 20-30 cm no solo. As flores estão agrupadas em corimbos terminais, variando de 20 a 60 cabeças em todos os caules e ramos. Estas flores, tipicamente brancas ou lilases-azuladas pálidas, criam um manto que cobre todo o arbusto.

Impacto em Kerala

A Chromolaena odorata, conhecida localmente em Kerala como "Pacha comunista" (verde), espalhou-se rapidamente por todo o estado, à semelhança do surgimento do comunismo na década de 1950. Esta comparação sublinha a natureza invasiva da planta, que rapidamente coloniza áreas abertas e perturbadas. O crescimento prolífico da planta perturba os ecossistemas nativos ao ultrapassar a flora local, levando a uma redução da biodiversidade. Os seus matagais densos podem impedir o crescimento de culturas e outras plantas, colocando desafios à agricultura e à silvicultura. Além disso, a planta é difícil de controlar devido à sua capacidade de enraizar nos nós do caule e de produzir grandes quantidades de sementes dispersas pelo vento. A rápida propagação e o estabelecimento da erva daninha do Sião em Kerala evidenciam os desafios colocados pelas espécies invasoras tanto em ambientes naturais como geridos.

Utilizações

O crescimento denso *da Chromolaena odorata* inibe o estabelecimento de outras espécies, principalmente através da competição e da libertação de químicos alelopáticos. Além disso, quando seca, *a C. odorata* serve de combustível, aumentando o risco de incêndios florestais. As pessoas sensíveis a alergias podem ter problemas de pele e asma em contacto com esta planta. É uma erva daninha importante em vários contextos agrícolas, incluindo plantações de borracha, óleo de palma, silvicultura e café.

Prevenção e controlo

Controlo físico e mecânico

Os métodos físicos, como o corte manual e a utilização de corta-matos ou de alfaias de tração, são normalmente utilizados para controlar *a Chromolaena odorata.* No entanto, o corte pode levar à regeneração, a menos que seja seguido de medidas de controlo adicionais. A monda manual, embora eficaz, é trabalhosa. A utilização de equipamento puxado por tractores é limitada a áreas acessíveis.

Controlo químico

O controlo químico envolve a aplicação de herbicidas durante a fase de plântula ou no rebentamento, sendo o triclopyr o mais eficaz. Os desafios da utilização de herbicidas incluem custos elevados, preocupações ecológicas e problemas de compatibilidade com vários sistemas de cultivo e condições ambientais. Recomenda-se a remoção das sementes e das cabeças das flores e a pulverização com 2,4-D Amina mais Picloram (conhecido como Tordon na Austrália) para matar o crescimento superior, sendo o picloram direcionado para o sistema radicular.

Controlo biológico

Foram aplicados métodos de controlo biológico, incluindo a introdução do agente de controlo biológico *Pareuchaetes pseudoinsulata* em Guam, onde desfolha eficazmente povoamentos puros de *C. odorata.* No entanto, o seu sucesso é limitado em plantas dispersas e em manchas. Este agente também foi introduzido noutras regiões, como Palau, Kosrae, Pohnpei, Yap, Ilha de Saipan (Ilhas Mariner) e Sumatra, na Indonésia, resultando em densidades reduzidas da infestante. Além disso, a mosca da galha do caule *Cecidochares connexa,* originalmente recolhida de *C. odorata* no México, Brasil e Bolívia, é considerada um agente de controlo biológico adequado para *C. odorata.*

Hyptis suaveolens

A hortelã-brava *(Hyptis suaveolens* (L.) Poit.) é uma das ervas daninhas mais nocivas do mundo. Está a invadir rapidamente os ecossistemas tropicais a nível mundial, incluindo a Índia, representando uma grande ameaça para a biodiversidade nativa, os ecossistemas e os meios de subsistência. Esta erva daninha é uma prolífica produtora de sementes, com infestações densas que produzem até 3.000 sementes por metro quadrado, formando rapidamente bancos de sementes persistentes. As suas sementes aderem a peles e tecidos, permitindo a sua dispersão para áreas não perturbadas, onde podem permanecer dormentes até que a vegetação seja limpa. *H. suaveolens* forma matagais densos, sombreando e deslocando a vegetação nativa, especialmente em áreas pastoreadas ou perturbadas, bem como em zonas ribeirinhas e planícies aluviais.

A H. suaveolens é invasora no Havai, Guam, Niue, Papua Nova Guiné, Filipinas, Singapura, Taiwan, em partes de África e no Sul da Ásia. É considerada uma das invasoras mais graves nas terras altas do centro-oeste da Índia e é considerada uma erva daninha ambiental no norte de Queensland e no norte da Austrália Ocidental. No Território do Norte, está listada como uma erva daninha nociva.

Posição sistemática

Família: Lamiaceae

Género: *Hyptis*

Espécies: *H. suaveolens*

A Hyptis ebracteata R.Br., também conhecida pelos seus sinónimos *Gnoteris cordata Raf.* e *Schaueria suaveolens* (L.) Hassk. é comummente referida por vários nomes. Em inglês, é chamada bushmint, chan, chao, horehound, mintbush, mintweed, mumun, spikenard, stinking Roger e wild spikenard. Na Índia, é conhecida como bhustrena, bhustrna, bilatti tulas, darp tulas, ganga tulasi, jungli tulas, nattapoochedi, sirna tulasi e walayati tulsi.

Descrição

Hyptis suaveolens

A Hyptis suaveolens é uma planta herbácea erecta, anual ou perene de vida curta, que cresce tipicamente até uma altura de 1-1,5 metros, embora possa ocasionalmente atingir os 3 metros. Os caules ramificados são verdes ou verde-avermelhados e de secção transversal quadrada quando jovens. Nas partes superiores da planta, os caules têm cerca de 5 mm de espessura e são um pouco peludos, enquanto as partes inferiores são mais espessas e tornam-se ligeiramente lenhosas em direção à base.

As folhas, que variam entre 2-10 cm de comprimento e 1-7 cm de largura, estão dispostas de forma oposta em pecíolos com 5-40 mm de comprimento. São ovadas (em forma de ovo), elípticas (ovais) ou ligeiramente cordadas (em forma de coração) com margens pouco dentadas e pubescentes.

As flores são pequenas, medindo 5-7 mm de comprimento, e são cor-de-rosa, roxo-azuladas ou lavanda. Estão dispostas em cachos de 1-5 flores nas axilas das folhas. Cada flor é tubular e bicéfala (bi-labiada), com o lábio superior dividido em dois lóbulos e o lábio inferior em três lóbulos, o central dos quais é sacado (insuflado). Estas flores são envolvidas por um cálice tubular verde formado por cinco sépalas fundidas, cada uma delas encimada por uma cerda curta com cerca de 5 mm de comprimento, que se torna castanha após a morte da flor. O fruto é um esquizocarpo que se divide em dois mericarpos (sementes). Estas sementes têm 3-4 mm de comprimento e 2,5-3 mm de largura, são castanhas escuras a pretas com marcas esbranquiçadas numa das extremidades, achatadas, em forma de escudo e de textura ligeiramente rugosa.

Distribuição

A Hyptis suaveolens é originária dos Neotrópicos, abrangendo a América Central e as Índias Ocidentais, estendendo-se para sul até cerca do Trópico de Capricórnio. Foi introduzida em regiões tropicais e subtropicais de todo o mundo, incluindo algumas ilhas do Pacífico, onde se naturalizou amplamente.

Utilizações

Apesar dos seus impactos prejudiciais, *a Hyptis suaveolens* tem propriedades benéficas, incluindo atividade fungicida, supressão do crescimento bacteriano e inibição da germinação de sementes de ervas daninhas. No sul do Benim, reduz as populações de brocas do caule na produção de milho. Em partes da Ásia, protege o gado de parasitas e as suas folhas servem como repelente de percevejos. Além disso, tem usos medicinais como o tratamento de iterícia, hipertermia, hemorróidas, abcessos mamários, edema, doenças sexualmente transmissíveis, entre outros.

A Hyptis suaveolens tem um valor económico potencial para os pequenos agricultores. Reduz as populações de pragas que afectam a produção de milho e tem vários fins medicinais. No entanto, a sua natureza invasora leva a que sejam afectados anualmente recursos substanciais para o seu controlo, colocando problemas socioeconómicos ao reduzir a presença de espécies economicamente importantes.

Impacto ambiental

A Hyptis suaveolens não é palatável para o gado, o que lhe permite dominar tanto as pastagens melhoradas como as autóctones, particularmente quando estas são sobrepastoreadas. Esta dominância pode reduzir significativamente a capacidade de carga e a produtividade das pastagens. Nos ecossistemas periurbanos de Chandigarh, no noroeste da Índia, a invasão de *H. suaveolens* levou a um declínio de 46-52% no número de espécies, com várias espécies economicamente importantes ausentes das áreas invadidas. No Santuário de Vida Selvagem de Pakhal, Andhra Pradesh, Índia, *a H. suaveolens* generalizou-se, ocupando áreas de pastagem de animais selvagens e impedindo o crescimento da flora autóctone do solo, aumentando assim o risco de incêndios florestais durante as estações secas.

Embora não tenham sido quantificadas as perdas económicas específicas decorrentes da invasão de *Hyptis suaveolens* nos campos agrícolas, são atribuídos anualmente recursos substanciais ao controlo desta infestante. É considerada uma erva daninha economicamente significativa devido ao seu potencial como contaminante de sementes e ao seu valor medicinal. No noroeste da Índia, a forte invasão de *H. suaveolens* coloca problemas socioeconómicos ao reduzir a presença de espécies economicamente importantes nos ecossistemas periurbanos. Esta espécie compete por espaço e nutrientes com o amendoim *(Arachis hypogaea)*. Em ensaios controlados, *a H. suaveolens* demonstrou propriedades alelopáticas que inibem o crescimento do trigo *(Triticum aestivum)*, do milheto *(Eleusine coracana)* e do feijão-mungo *(Vigna radiata)*.

Impacto em Kerala

A invasão da *Hyptis suaveolens* em Kerala segue um padrão semelhante ao observado noutras regiões da Índia. Originária da América tropical, a Hyptis suaveolens foi introduzida em todo o mundo e chegou à Índia no final do século XIX, como registaram os botânicos britânicos Joseph Dalton Hooker e John Firminger Duthie. Inicialmente ausente no norte da Índia, a planta espalhou-se gradualmente pelo país, ajudada por factores como os mecanismos de dispersão de sementes e a adaptabilidade a vários habitats. Em Kerala, *a Hyptis suaveolens* invadiu diversas zonas, incluindo orlas de florestas, zonas ribeirinhas e espaços abertos, ao longo de estradas e caminhos-de-ferro. A rápida disseminação da planta em Kerala coloca desafios ecológicos e económicos, deslocando a vegetação nativa, afectando a biodiversidade e dificultando as actividades agrícolas.

Os esforços para combater a invasão incluíram campanhas de desenraizamento, como a realizada no Santuário da Abetarda da Índia, salientando a urgência de estratégias de gestão proactivas para controlar a propagação desta espécie invasora em Kerala e salvaguardar os ecossistemas nativos.

Prevenção e controlo

Controlo físico e mecânico

Na Austrália, o pastoreio combinado com leguminosas trepadeiras perenes como o *Calopogonium mucunoides* controla eficazmente *a Hyptis suaveolens* nas pastagens. A ceifa ou o corte de árvores apenas proporcionam um alívio temporário. A lavoura antes da plantação de culturas pode aumentar a taxa de crescimento da população, aumentando a produção de sementes, apesar de reduzir a germinação. Recomenda-se o arranque manual de plantas isoladas e de pequenas infestações antes da sementeira, especialmente quando o solo está húmido. O arranque e a queima das plantas antes da sementeira e a utilização de rotações de culturas com culturas de crescimento alto para fazer sombra às infestantes são também estratégias eficazes. A colheita das culturas a meio ou no final da estação das chuvas e as práticas de plantio direto podem aumentar o controlo, esgotando o banco de sementes anualmente.

Controlo biológico

Os esforços de controlo biológico na Austrália começaram em 1980, mas até agora não foram bem sucedidos. Apesar dos numerosos predadores e agentes patogénicos potenciais, *a H. suaveolens* continua a ser um problema. O fungo *Phoma herbarum* foi sugerido como um potencial micoherbicida.

Controlo químico

Os métodos químicos são considerados os mais eficazes para controlar *a Hyptis suaveolens.* Recomenda-se uma pulverização geral de amina ou éster 2,4-D, juntamente com pulverizações pontuais quando necessário. Outros herbicidas eficazes mas mais caros incluem dicamba, clopyralid e misturas à base de picloram. A pulverização deve ser efectuada antes de as plantas florescerem, com uma aplicação secundária para matar as plântulas germinadas tardiamente.

Lantana camara

A Lantana camara L., vulgarmente conhecida como Lantana ou bandeira espanhola, é uma espécie de planta com flor da família das verbenas, Verbenaceae. A Lantana é um género que inclui aproximadamente 150 espécies de plantas com flores perenes da família Verbenaceae. Nativas das regiões tropicais das Américas e de África, as lantanas foram introduzidas em muitas outras partes do mundo, nomeadamente na região da Austrália-Pacífico, no Sul e Nordeste da Índia e no Bangladesh. O género inclui plantas herbáceas e arbustos que crescem até uma altura de 0,5-2 metros. Conhecido vulgarmente como verbenas arbustivas ou lantanas, o nome do género tem origem no latim tardio, referindo-se ao Viburnum lantana não relacionado.

Posição sistemática

Família: Verbenaceae

Género: *Lantana*

Espécies: *L. camara*

A Lantana camara L., também conhecida pelos seus sinónimos *Camara vulgaris* Benth, é comummente referida por vários nomes. Em inglês, é designada por Common Lantana, Lantana Wild, etc. *A Lantana camara* é vulgarmente conhecida como "Arippu" ou "Konginipoo" em malaiala.

Descrição

Lantana camara

As espécies de *Lantana* são arbustos de folha caduca que podem crescer até 1,5 metros de altura. Os seus caules têm uma forma quadrada e podem ter pequenos espinhos. As folhas são simples, opostas, com margens dentadas (serrilhadas) e exalam um forte aroma a mofo. A base da lâmina foliar é larga e quadrada (truncada). Os cachos de flores aromáticas da Lantana, chamados umbelas, são de várias cores, incluindo vermelho, laranja, amarelo, azul e branco, com muitas variedades exibindo inflorescências multicoloridas que mudam de cor à medida que amadurecem. As flores são pequenas, agrupadas em grupos de até 4 cm de diâmetro. O fruto é redondo, passando de verde a roxo e, eventualmente, a preto-azulado.

Distribuição

Na Florida, *a Lantana camara* forma matagais densos em zonas abertas e soalheiras e pode hibridizar-se com a Lantana depressa. Está classificada como espécie invasora de categoria I pelo Florida Exotic Pest Plant Council devido à sua capacidade de invadir e dominar habitats de sub-bosque, eliminando assim a flora e a fauna autóctones. Noutras regiões, como a zona da Austrália-Pacífico, o Sul e o Nordeste da Índia e o Bangladesh, as lantanas tornaram-se igualmente espécies dominantes e invasoras.

A Lantana das Índias Ocidentais *(Lantana camara)* é originária das Índias Ocidentais, prosperando no clima tropical. As suas flores de cores vivas e a sua folhagem aromática tornaram-na numa planta ornamental popular, levando à sua disseminação por todo o mundo. Esta espécie estabeleceu-se em diversos habitats, desde clareiras florestais a valas à beira de estradas, e desde margens de rios a encostas de montanhas. A sua notável adaptabilidade permitiu-lhe florescer em mais de 50 países.

Apesar do seu atrativo ornamental, a Lantana das Índias Ocidentais revela-se frequentemente um concorrente formidável nos seus habitats não nativos. O seu crescimento rápido, a produção prolífica de sementes e as suas propriedades alelopáticas (libertando substâncias que inibem o crescimento de outras plantas) levaram à sua classificação como espécie invasora em muitas regiões. Esta natureza invasora perturba e transforma os ecossistemas, alterando o equilíbrio da flora e fauna nativas.

Uma das caraterísticas ecológicas que definem a Lantana é a sua notável capacidade de prosperar e proliferar em diversos ecossistemas. Originária das Índias Ocidentais, tornou-se uma espécie invasora em muitas partes do mundo. A sua adaptabilidade permite-lhe conquistar uma vasta gama de habitats, desde florestas tropicais luxuriantes e savanas áridas a zonas urbanas perturbadas e ilhas remotas. À medida que se espalha, a Lantana ultrapassa frequentemente as espécies vegetais nativas. O seu crescimento rápido, a produção prolífica de sementes e as suas propriedades alelopáticas (a libertação de substâncias químicas que inibem o crescimento de outras plantas) conferem-lhe uma vantagem competitiva significativa. Este facto conduz frequentemente a uma redução da biodiversidade, uma vez que as plantas locais lutam para sobreviver contra este invasor agressivo.

Utilizações

A Lantana camara, apesar do seu carácter invasor, oferece várias utilizações benéficas. É muito apreciada como planta ornamental em paisagismo e jardinagem devido às suas flores vibrantes e coloridas, que atraem borboletas e outros polinizadores. Na medicina tradicional, várias partes da planta são utilizadas para tratar doenças como comichões na pele, feridas e problemas respiratórios, acreditando-se que os seus extractos possuem propriedades antimicrobianas e anti-inflamatórias. Além disso, o seu crescimento denso e o seu extenso sistema radicular tornam-na eficaz no controlo da erosão do solo em encostas e taludes. A biomassa *da Lantana camara* pode também ser convertida em biocombustível, constituindo uma fonte de energia alternativa. Além disso, tem potencial para ser utilizada como pesticida natural.

Impacto ambiental

As ramificações ecológicas da Lantana vão para além das comunidades vegetais. As suas tendências invasivas podem perturbar ecossistemas inteiros, alterando o ciclo de nutrientes, afectando a composição do solo e até influenciando os regimes de fogo. Em alguns casos, torna-se uma fonte de combustível para incêndios florestais, alterando a dinâmica natural dos ecossistemas dependentes do fogo. A influência ecológica da Lantana também se estende à vida selvagem. Embora as suas flores ricas em néctar atraiam polinizadores como as borboletas e as abelhas, o seu carácter invasor pode levar a monoculturas, reduzindo as fontes de alimento e os habitats de vários animais. Além disso, alguns relatórios sugerem que as folhas e bagas da planta podem ser tóxicas para o gado e a vida selvagem, complicando ainda mais o seu impacto ecológico. Para além dos seus efeitos nos ecossistemas, a lantana das Índias Ocidentais pode ter um impacto significativo nas comunidades humanas. Pode invadir terras de cultivo e pastagens, prejudicando a produtividade agrícola e criando desafios económicos para os agricultores. O impacto ecológico da Lantana é uma história multifacetada que desafia a nossa compreensão da intrincada interação entre o fascínio exótico e a responsabilidade ecológica. Serve como um estudo de caso pungente no diálogo em curso sobre a gestão e conservação de espécies invasoras num mundo natural em constante mudança.

Impacto em Kerala

Em Kerala, *a Lantana camara* encontra-se disseminada por todo o estado. Inicialmente introduzida como planta ornamental, *a Lantana* espalhou-se extensivamente por todo o Estado, sobretudo em zonas florestais e agrícolas. *A Lantana camara* é vulgarmente conhecida como "Arippu" ou "Konginipoo" em malaiala. O seu hábito de crescimento agressivo permite-lhe formar matagais densos que suprimem a vegetação nativa, reduzem a biodiversidade e alteram a estrutura do habitat. Isto tem implicações graves para a vida selvagem, uma vez que reduz a disponibilidade de plantas forrageiras nativas e perturba o habitat de muitas espécies. Os esforços para controlar a Lantana têm sido um desafio devido à sua resistência e capacidade de se regenerar rapidamente.

Prevenção e controlo

A Lantana camara é simultaneamente uma planta ornamental apreciada e uma perturbadora botânica. O seu aspeto encantador e o seu fascínio aromático cativaram os jardineiros, mas a sua agressividade invasora tem colocado desafios significativos aos ecossistemas de todo o mundo. A gestão desta planta carismática mas invasora requer uma abordagem multifacetada que equilibre a preservação da flora e fauna nativas com o seu atrativo estético.

Controlo físico e mecânico

O controlo da lantana, uma espécie de planta invasora, exige frequentemente uma abordagem multifacetada, combinando métodos físicos e mecânicos com outras estratégias, como o controlo químico e a prevenção. A remoção manual consiste em arrancar à mão ou escavar pequenas plantas de lantana, sendo especialmente eficaz em zonas com infestação limitada. É crucial garantir a remoção completa, incluindo as raízes, para evitar o recrescimento.

A ceifa ou o corte regulares podem ajudar a gerir as populações de lantana, impedindo a produção de sementes e reduzindo o vigor das plantas. No entanto, este método pode não eliminar totalmente as plantas e requer uma manutenção frequente. Em zonas com infestações maiores, podem ser utilizadas máquinas como corta-matos, motosserras ou corta-matos para a remoção mecânica, sobretudo quando os métodos manuais não são viáveis.

O pastoreio também pode ser utilizado através da introdução de gado como cabras ou ovelhas para pastar na folhagem da lantana. No entanto, esta abordagem requer uma gestão cuidadosa para evitar o sobrepastoreio e danos na vegetação desejável. Além disso, as técnicas de cobertura vegetal ou de abafamento, como a aplicação de uma cobertura vegetal espessa ou a cobertura do solo com materiais como cartão ou plástico, podem suprimir o crescimento da lantana bloqueando a luz solar e inibindo a germinação das sementes, embora as plantas estabelecidas possam persistir apesar destes esforços.

Controlo biológico

Os métodos de controlo biológico, utilizando inimigos naturais como insectos e fungos que visam especificamente *a Lantana camara,* mostraram-se promissores em algumas regiões. Estes agentes de biocontrolo ajudam a reduzir a população da planta, perturbando o seu crescimento e reprodução. O controlo mecânico envolve a remoção física da planta das áreas afectadas, desde o desenraizamento e corte manuais até abordagens mecanizadas como o corte de relva e as queimadas controladas. Este método é frequentemente combinado com outras estratégias para gerir a sua propagação.

Controlo químico

Métodos de controlo químico, como a aplicação de herbicidas, também têm sido utilizados para combater *a Lantana camara.* Estes produtos químicos são concebidos para atingir seletivamente a planta, minimizando os danos para as espécies não visadas. Uma análise cuidadosa e uma aplicação especializada são cruciais para garantir a eficácia e minimizar o impacto ambiental.

A gestão integrada das pragas (IPM) combina vários métodos de controlo para criar uma abordagem holística da gestão da *Lantana camara.* Esta estratégia tem em conta as condições específicas da área afetada, o impacto ecológico dos métodos de controlo e a preservação da biodiversidade nativa. Inclui frequentemente elementos de controlo biológico, mecânico e químico, conforme necessário.

A sensibilização e a educação do público são essenciais para o controlo e a gestão da *Lantana camara.* As campanhas de sensibilização e os programas educativos podem ajudar a evitar a propagação não intencional da planta, incentivando práticas de jardinagem responsáveis e esforços de conservação. Nas regiões onde a planta causou danos ecológicos significativos, a recuperação do habitat torna-se vital. Isto envolve a replantação de espécies nativas, a remoção de vegetação invasora e a monitorização da recuperação dos habitats afectados.

A investigação contínua sobre os métodos de controlo, bem como sobre o comportamento e os impactos da planta, é crucial. A monitorização regular das áreas infestadas ajuda a avaliar a eficácia das medidas de controlo e a adaptar as estratégias conforme necessário. Equilibrar a necessidade de controlo com a apreciação do significado estético e cultural *da Lantana camara* é um desafio permanente. Sublinha a importância de uma abordagem multidisciplinar que respeite tanto a beleza da planta como o delicado equilíbrio dos ecossistemas. Na intrincada dança entre a preservação e a gestão, esforçamo-nos por uma coexistência harmoniosa com o mundo natural.

Mikania micrantha

Mikania micrantha Kunth, vulgarmente conhecida como videira amarga, cânhamo trepador ou corda americana, é uma planta tropical da família Asteraceae. É também por vezes designada por trepadeira de um quilómetro e meio, nome que partilha com a Persicaria perfoliata, uma planta não relacionada. *A M. micrantha* é uma trepadeira perene nativa da América tropical.

Posição sistemática

Família: Asteraceae

Género: Mikania

Espécies: *M. micrantha*

Em inglês, é conhecida como Bitter wine, American rope, Chinese creeper, climbing hempweed, Mikania vine, mile-a-minute weed, enquanto na Índia é conhecida como Japani habi. Em malaiala, é conhecida como "Vayara" ou "Drtharashtrapacha".

Descrição

Mikania micrantha

A M. micrantha é uma trepadeira herbácea que pode atingir 3-6 metros de comprimento. Os caules são delgados, hexagonais, muito ramificados e entrelaçados, de cor amarelada a castanha. As folhas são simples, opostas e com pecíolos longos. As

As lâminas das folhas são amplamente ovadas ou triangulares, com um ápice agudo e uma base profundamente cordada e atenuada. São praticamente glabras ou com pêlos esparsos na face inferior. A planta apresenta inflorescências com flores agrupadas em pequenas cabeças de quatro, esbranquiçadas a branco-esverdeadas, dispostas em longos pedúnculos. Os frutos secos são pretos, oblongos, com 4-5 nervuras e truncados na parte superior.

Esta trepadeira perene cresce vigorosamente, prosperando em humidade elevada, luz ampla e solos férteis, embora também se possa adaptar a condições menos férteis. As suas sementes em forma de pena são dispersas pelo vento e um único talo pode produzir entre 20.000 e 40.000 sementes numa estação. Uma vez estabelecida, *a M. micrantha* espalha-se rapidamente, trepando e entrelaçando-se em torno de qualquer suporte vertical, como culturas, arbustos, árvores, muros e cercas. Os seus rebentos podem crescer até 27 mm por dia. A planta também se reproduz vigorosamente por meios vegetativos. Embora não tolere sombras fortes, coloniza facilmente as clareiras. Desde a sua introdução na Índia, na década de 1940, como cobertura do solo para plantações de chá, tornou-se uma espécie invasora significativa, ameaçando várias plantações e áreas florestais em todo o país. Esta trepadeira espalha-se rápida e amplamente, produzindo milhares de sementes leves e dispersas pelo vento e reproduzindo-se vegetativamente através das suas raízes em áreas perturbadas.

Utilizações

Apesar do seu carácter invasivo, tem encontrado vários fins utilitários. Em algumas regiões, é utilizada para controlar a erosão devido ao seu crescimento rápido e à sua folhagem densa. Além disso, serve de forragem para o gado em certas zonas, embora a sua propagação descontrolada possa levar a desequilíbrios ecológicos. A medicina tradicional também utiliza a Mikania micrantha para tratar várias doenças, embora a validação científica das suas propriedades medicinais continue a ser limitada. Além disso, está em curso uma investigação que explora o seu potencial em fitorremediação, utilizando o seu crescimento rápido para limpar solos contaminados. No entanto, o seu hábito de crescimento agressivo representa uma ameaça significativa para os ecossistemas nativos, uma vez que ultrapassa a vegetação autóctone, levando à diminuição da biodiversidade e à perturbação do habitat.

Impacto ambiental

A M. micrantha danifica ou mata outras plantas, bloqueando a luz e sufocando-as. Isto é particularmente prejudicial em plantações jovens e viveiros. Além disso, compete por água e nutrientes e acredita-se que liberta substâncias que inibem o crescimento de outras plantas. *A M. micrantha* é uma das três piores ervas daninhas que afectam as plantações de chá na Índia e na Indonésia e as plantações de borracha no Sri Lanka e na Malásia. Em Samoa, as suas incursões levaram ao abandono de plantações de cocos, tendo sido registada a morte de grandes árvores de fruta-pão. A erva daninha também causa sérios problemas em plantações de dendê, banana, cacau e silvicultura, bem como em pastagens. Embora não se desenvolva em arrozais, pode invadir as margens e sufocar a cultura.

Impacto em Kerala

A Mikania micrantha foi introduzida no Kerala por vários meios, principalmente como planta ornamental e possivelmente através de importações agrícolas contaminadas. Esta planta é conhecida como "Vayara" ou "Drtharashtrapacha" em malaiala. A sua capacidade de se propagar rapidamente através de sementes e partes vegetativas, associada à falta de predadores naturais na região, facilitou o seu rápido estabelecimento e propagação. A planta desenvolve-se bem no clima quente e húmido de Kerala, o que agrava ainda mais o seu potencial invasor. A gestão da sua propagação tem-se revelado um desafio, sendo necessária uma combinação de métodos de controlo mecânicos, químicos e biológicos para atenuar os seus efeitos adversos no ambiente e na agricultura.

Prevenção e controlo

Controlo físico e mecânico

O controlo físico consiste na remoção manual da planta, arrancando-a ou cortando-a, sobretudo antes de esta lançar sementes, para evitar a sua propagação. Este método é trabalhoso mas pode ser eficaz para pequenas infestações. Os métodos mecânicos, como a ceifa, o corte ou a cobertura morta, também podem ajudar a reduzir o vigor da videira e impedir o seu recrescimento. No entanto, estes métodos têm de ser repetidos regularmente, uma vez que a Mikania micrantha pode restabelecer-se rapidamente a partir de fragmentos. Além disso, a combinação destas técnicas com outras estratégias de gestão, como a aplicação de herbicidas ou de agentes de controlo biológico, pode oferecer uma abordagem mais abrangente da gestão desta espécie invasora. A monitorização e a manutenção regulares são essenciais para evitar a reinfestação e atenuar o seu impacto ecológico.

Controlo químico

O controlo de *M. micrantha* é um desafio devido à sua elevada produção de sementes e à capacidade de desenvolver novas plantas mesmo a partir dos mais pequenos fragmentos de caule. Atualmente, o único método eficaz, para além da destruição completa de todos os caules, é a utilização de herbicidas. É provavelmente suscetível a muitos herbicidas residuais a taxas normais, a herbicidas translocados como o glifosato e o 2,4-D antes da floração, e a herbicidas de contacto como o paraquat enquanto ainda é uma plântula; no entanto, as plantas estabelecidas irão provavelmente crescer de novo a partir da base.

Controlo biológico

Vários inimigos naturais da América Central e do Sul são promissores como agentes de controlo biológico. O tripes *Liothrips mikaniae* parece ser específico de *M. micrantha* e tem um potencial significativo. Além disso, um inseto do género Teleonemia, vários escaravelhos e um ácaro eriofídeo, Acalitus sp. Outros inimigos naturais com especificidade menos conhecida também atacam M. micrantha. Na Índia, os agentes patogénicos fúngicos têm sido explorados como potenciais métodos de controlo biológico. Para gerir a propagação de *M. micrantha,* um estudo recomenda a plantação de batata-doce *(Ipomea batatas),* uma videira perene, como medida de controlo. Além disso, uma investigação realizada na China indica que a videira parasita *Cuscuta campestris* pode servir como um agente de controlo biológico eficaz contra *Mikania micrantha.*

Mimosa diplotricha var. diplotricha

A Mimosa diplotricha var. *diplotricha,* uma trepadeira arbustiva de crescimento rápido nativa das Américas, tornou-se uma séria ameaça à biodiversidade, à agricultura e aos meios de subsistência em todo o mundo. Originária do Brasil, espalhou-se extensivamente pela Ásia, África e Ilhas do Pacífico desde a sua introdução no início do século XX. Esta planta invasora forma matagais densos, particularmente em áreas perturbadas, sufocando a vegetação nativa e as culturas agrícolas.

Apesar dos esforços para a controlar, *a M. diplotricha* continua a ser um problema persistente devido à sua produção prolífica de sementes e à sua natureza resistente. Os métodos de controlo mecânico e químico têm mostrado uma eficácia limitada, com programas de controlo biológico a terem algum sucesso em certas regiões. No entanto, a capacidade da planta para se adaptar e se propagar rapidamente apresenta desafios contínuos para os esforços de erradicação.

Os países afectados por *M. diplotricha* implementaram várias medidas de controlo, mas a sua natureza invasora continua a ameaçar os ecossistemas e as economias. É necessária uma ação urgente para atenuar o seu impacto e impedir a sua propagação a novos territórios.

Posição sistemática

Família: Fabaceae

Subfamília: Caesalpinioideae

Género: Mimosa

Espécies: M. diplotricha

Variedade: *diplotricha*

A M. diplotricha, conhecida por vários sinónimos, incluindo *M. invisa, M. Iongisiliqua* e *Schrankia pilosa,* é conhecida por diferentes nomes comuns, como planta sensível gigante, planta falsa sensível gigante ou erva nila em inglês. Na Índia, é designada por Anathottavadi.

Descrição

Mimosa diplotricha var. *diplotricha*

A M. diplotricha é uma planta que cresce tipicamente como um arbusto alto ou uma trepadeira, atingindo até cerca de 3 metros de altura. As suas folhas verdes vibrantes têm uma aparência delicada, semelhante a um feto, dispostas alternadamente ao longo dos caules. Cada folha é composta por numerosos pares de pequenos folíolos em forma de lança, com cerca de vinte pares por folha. Quando perturbadas, tal como a sua prima M. pudica, estas folhas exibem um movimento thigmonastic, enrolando-se em resposta ao toque.

Os caules da planta são notavelmente longos e de forma quadrada, apresentando quatro cristas ao longo do seu comprimento. Ao longo destas cristas correm uma série de espinhos afiados, curvados para trás, que variam entre 3 e 6 milímetros de comprimento. As flores, que emergem de pedúnculos curtos nas articulações das folhas, são cor-de-rosa pálido e formam bolas aglomeradas e fofas com cerca de 12 milímetros de diâmetro. Estas flores dão lugar a vagens de sementes curvas, cobertas de pequenos espinhos e medindo tipicamente entre 10 a 35 milímetros de comprimento e 6 milímetros de largura. As sementes dentro dessas vagens são ovais, planas e polidas, com dimensões de aproximadamente 2 a 2,5 milímetros de comprimento e 0,6 a 1,4 milímetros de espessura. A dispersão destas sementes pode ocorrer através de vários meios, incluindo correntes de água ou fixação em peles ou roupas de animais, e têm a notável capacidade de permanecerem dormentes até cinco décadas.

Distribuição

A M. diplotricha é originária das regiões neotropicais, abrangendo grande parte da América do Sul e Central, bem como as Caraíbas. Embora seja encontrada em todos os países da América do Sul, exceto no Chile e no Uruguai, a sua presença na Argentina limita-se principalmente às províncias do norte. No entanto, há incertezas quanto à sua distribuição original, com sugestões de que pode não ser nativa da América do Norte e das Antilhas.

Esta espécie foi amplamente introduzida fora da sua área de distribuição nativa e tornou-se altamente invasiva em muitas regiões dos trópicos húmidos e subtrópicos. Na Austrália, foi inicialmente localizada na zona costeira do norte de Queensland, estendendo-se de Ingham a Cooktown, e à volta de Mackay e Brisbane. Havia preocupações quanto à sua potencial propagação ao Território do Norte e à Austrália Ocidental, tendo sido documentados esforços de erradicação na Austrália Ocidental em 2004. Na

Samoa Ocidental, estima-se que uma parte significativa das aldeias da ilha de Upolu esteja infestada por esta planta. *A M. diplotricha* forma tufos densos, atingindo até 20 metros de diâmetro, em regiões como os vales de Markham e Ramu na Papua-Nova Guiné.

Variações da planta, incluindo uma variedade sem espinhos *(M. diplotricha* var. inermis), estão presentes em diferentes locais. Em Vanuatu, por exemplo, a forma espinhosa encontra-se principalmente em Malekula, enquanto a variedade sem espinhos é utilizada como cultura de cobertura na cultura do café em Tanna. Na Malásia peninsular, *a M. diplotricha* encontra-se em vários estados, incluindo Perlis, Kedah, Seberang Prai, norte de Perak, Selangor, Malaca, Negri Sembilan e Johore. Na região do Delta do Mekong, no Vietname, é considerada uma erva daninha menor.

A M. diplotricha utiliza uma série de mecanismos naturais e mediados pelo homem para se deslocar e dispersar. Naturalmente, as suas sementes são frequentemente dispersas por água corrente, especialmente durante as cheias, o que lhes permite percorrer distâncias significativas. Além disso, as sementes da planta possuem adaptações como estruturas farpadas, que lhes permitem prender-se ao pelo ou às penas dos animais, ou mesmo agarrar-se à roupa, facilitando a dispersão por vectores bióticos. As actividades humanas desempenham um papel significativo na introdução acidental de *M. diplotricha* em novas áreas, uma vez que as sementes podem ser transportadas inadvertidamente em veículos, máquinas ou em solos contaminados. Podem também contaminar vários materiais como feno, sementes agrícolas e materiais de construção, espalhando-se durante os processos de transporte. Além disso, barcos, veículos e máquinas utilizados em contextos agrícolas ou de construção ajudam inadvertidamente na dispersão de sementes, contribuindo para a expansão da planta para novos territórios.

Utilizações

A M. diplotricha, frequentemente considerada uma erva daninha invasora, tem utilidade em várias práticas agrícolas. Embora possa ser intragável em algumas regiões, tem sido pastoreada com sucesso noutras, ajudando na sua gestão. A sua raiz axial lenhosa e os nódulos fixadores de azoto tornam-na valiosa para a melhoria do solo e o controlo da erosão nas plantações, adicionando azoto, reduzindo a erosão e evitando os danos causados pelo gado. Além disso, suprime as ervas daninhas incómodas nas plantações de borracha, café, cacau e chá, melhorando a saúde do solo e o crescimento das culturas. *A M. diplotricha* serve como adubo verde e cultura intercalar em plantações de coco, tabaco e milho, melhorando a fertilidade do solo e aumentando a produtividade. Em regiões com escassez de terra, as variedades sem espinhos são integradas em sistemas de cultivo para contrariar o declínio da fertilidade do solo, melhorando a saúde do solo e suprimindo as ervas daninhas. Apesar da sua natureza invasora, *a M. diplotricha* demonstra benefícios potenciais em contextos agrícolas específicos, contribuindo para a fertilidade do solo, o controlo da erosão e a gestão de infestantes quando utilizada adequadamente.

A M. diplotricha, reconhecida como uma das 76 piores infestantes a nível mundial, coloca desafios económicos significativos, particularmente em contextos agrícolas. Domina rapidamente culturas e pastagens em regiões tropicais e subtropicais, levando a reduções substanciais de rendimento. A colheita manual torna-se perigosa devido aos espinhos afiados da planta, enquanto as ceifeiras mecânicas podem tornar-se ineficazes quando utilizadas em campos infestados. Estudos efectuados em campos de mandioca nigerianos mostraram reduções drásticas na produção de tubérculos com densidades crescentes de *M. diplotricha.* As perdas económicas associadas ao seu controlo são notáveis, como na Papua-Nova Guiné, onde são gastas anualmente somas substanciais na gestão química. Além disso, *a M. diplotricha* produz mimosina, uma toxina nociva para os herbívoros, causando danos vasculares, necrose cardíaca e hepática e anemia no gado, se ingerida. A toxicidade da planta para o gado apresenta riscos, com relatos de envenenamento fatal em várias espécies animais. Estes impactos económicos sublinham a urgência de estratégias de gestão eficazes para mitigar as perdas e proteger os meios de subsistência agrícolas.

Ameaças ambientais

A natureza invasora *de M. diplotricha* vai para além das preocupações económicas, abrangendo ameaças ambientais significativas. *M. diplotricha* representa uma ameaça significativa para terras agrícolas, pastagens e ecossistemas florestais devido ao seu crescimento agressivo e produção prolífica de sementes. É considerada uma das principais ervas daninhas em culturas anuais e perenes, incluindo mandioca, banana, arroz de terras altas, soja e milho, bem como em plantações como cana-de-açúcar, coco, borracha e chá. Além disso, desenvolve-se em diversos habitats, como pastagens, bermas de estradas, margens de rios e terras improdutivas. O crescimento denso de *M. diplotricha* não só compete com as espécies nativas por recursos, mas também inibe sua regeneração, reprodução e crescimento geral, levando a uma perda gradual da biodiversidade nas áreas infestadas. Além disso, a presença de espinhos dificulta a monda e a colheita das culturas, agravando ainda mais o seu impacto na produtividade agrícola.

Em ambientes agrícolas, supera a vegetação nativa, inibindo a regeneração natural e perturbando o equilíbrio do ecossistema. O seu crescimento rápido pode levar ao ensombramento de espécies que necessitam de luz, agravando ainda mais os impactos ecológicos. Além disso, os matagais densos de *M. diplotricha* representam um risco de incêndio em condições de seca, aumentando o risco de degradação ambiental e de perda de biodiversidade. Além disso, a capacidade da planta para trepar e sufocar outras plantas perturba ainda mais a dinâmica do ecossistema, colocando desafios a longo prazo para os esforços de recuperação do habitat. Globalmente, os impactos ambientais *da M. diplotricha* realçam a necessidade de estratégias de gestão proactivas para preservar a saúde e a resiliência dos ecossistemas. *O* crescimento denso e espinhoso *da M. diplotricha* apresenta barreiras formidáveis tanto para o gado como para os seres humanos, dificultando o movimento e o acesso a recursos essenciais. Os seus espinhos afiados e recurvados dissuadem os animais de pastoreio, levando-os muitas vezes a evitar áreas densamente povoadas por esta planta infestante. No entanto, o aprisionamento em moitas de *M. diplotricha* pode ser fatal para os animais. Além disso, a planta serve de hospedeiro alternativo para nemátodos, afectando ainda mais a produtividade agrícola e a saúde do ecossistema. Estes factores combinados sublinham *o* estatuto *da M. diplotricha* como uma planta daninha exótica altamente competitiva e invasora, colocando desafios significativos aos esforços de controlo e gestão.

Impacto em Kerala

A invasão da *Mimosa diplotricha,* conhecida localmente como Anathottavadi em Malayalam, teve impactos significativos em Kerala, na Índia. A Mimosa diplotricha, que se crê ser originária do Brasil, é uma espécie de planta altamente invasora, conhecida pelo seu rápido crescimento e espinhos formidáveis. Capaz de atingir alturas de até 2 metros na ausência de intervenção, esta planta representa uma ameaça significativa para os ecossistemas onde se estabelece. Conhecida localmente como Anathottavadi em Malayalam, o seu nome reflecte a dor intensa causada pelos espinhos, comparada a causar desconforto até a um elefante. O comportamento invasivo da planta é ainda agravado pela sua tendência para abafar a vegetação circundante, incluindo árvores como a árvore tailandesa, impedindo o crescimento de outras plantas. A sua presença em parques nacionais, santuários de vida selvagem e florestas naturais agrava a ameaça para a flora e fauna locais, perturbando os delicados equilíbrios ecológicos. Os esforços para combater a sua propagação envolvem frequentemente a remoção manual e a aplicação de herbicidas, mas a gestão da sua proliferação continua a ser um desafio formidável, sublinhando a urgência de uma monitorização contínua e de medidas de conservação proactivas para salvaguardar os ecossistemas nativos.

Prevenção e controlo

As estratégias de prevenção e controlo de *M. diplotricha* abrangem várias abordagens destinadas a atenuar a sua propagação e impacto:

A M. diplotricha é reconhecida como uma erva daninha declarada em várias regiões, sendo obrigatória a sua erradicação quando descoberta. A vigilância entre os proprietários de terras e o público é crucial, com esforços na Austrália Ocidental e em Hong Kong que demonstram respostas proactivas a potenciais avistamentos. Medidas legislativas em áreas como Queensland, na Austrália, impõem responsabilidades de controlo aos proprietários de terras para travar a propagação desta espécie invasora. A implementação de medidas de quarentena rigorosas, como a lavagem de máquinas e a monitorização dos movimentos de areia, ajuda a evitar a dispersão inadvertida.

Controlo FísicoZMecânico

Embora os métodos tradicionais como o cultivo e a queima sejam ineficazes devido ao rápido crescimento e à produção prolífica de sementes, o desenraizamento manual nas fases iniciais ou a monda manual em áreas agrícolas podem proporcionar um controlo localizado. O corte regular em áreas não cultivadas evita a sementeira e ajuda nos esforços de contenção.

Controlo cultural

Em áreas muito infestadas, pode ser necessário colocar os canaviais em quarentena e destruir as culturas para impedir a disseminação das sementes. O cultivo e os tratamentos específicos das culturas, como os observados em Mindanao, nas Filipinas, utilizando adubo verde e cobertura morta, podem reduzir significativamente a biomassa de *M. diplotricha.* O controlo do sobrepastoreio também pode impedir a infestação. Herbicidas como picloram, clopyralid e fluroxypyr têm sido eficazes no controlo de *M. diplotricha,* especialmente quando aplicados durante períodos de crescimento ativo. No entanto, a sua utilização requer uma análise cuidadosa devido ao potencial impacto ambiental e a considerações de custo.

Controlo biológico

A introdução de insectos que se alimentam de seiva, como a Heteropsylla spinulosa, tem-se revelado promissora na contenção da propagação de M. diplotricha, com êxitos notáveis na Austrália e nos países insulares do Pacífico. Os fungos indígenas e outros agentes de biocontrolo, como a *Corynespora cassiicola,* oferecem outras vias de gestão.

Mucuna bracteata

A Mucuna bracteate DC. ex Kurz, uma leguminosa, serve como cultura reguladora do azoto em agroecossistemas associados a sistemas agrícolas específicos como a seringueira, a palmeira de óleo, os citrinos e o coco. Funciona como uma cultura de cobertura, protegendo o solo das ervas daninhas, promovendo o crescimento rápido das culturas existentes, evitando a erosão do solo e facilitando a fixação do azoto. Com uma taxa de crescimento de cerca de 10-15 cm por dia em condições semelhantes às adequadas para as plantas da borracha e do óleo de palma, *a Mucuna bracteata* prospera em ambientes quentes e húmidos com temperaturas entre 20 e 35 graus Celsius e precipitação anual consistente. Originária das regiões do nordeste da Índia, *a M. bracteata* foi introduzida nas plantações de seringueira Hevea na Índia e nas plantações de óleo de palma na Malásia. Esta planta tem o potencial de aumentar a fertilidade e a saúde do solo, fertilizando-o naturalmente, melhorando o arejamento e promovendo níveis sustentáveis de retenção de água para além das condições actuais dos campos de plantação de borracha e de óleo de palma.

Posição sistemática

Família: Fabaceae

Subfamília: Faboideae

Género: *Mucuna*

Espécies: *M. bracteate*

A planta *Mucuna bracteata* é também conhecida por vários sinónimos, incluindo *Mucuna exserta, Mucuna venulosa* e *Mucuna brevipes.* A planta *M. bracteata*, vulgarmente conhecida em inglês como East-Himalayan

Mucuna, é referida na Índia como Bandor-kekua e Hruiduk, e em Malayalam como Thottapayar.

Descrição

Mucuna bracteata

A Mucuna bracteata apresenta uma folhagem verde com nódulos de leguminosas que facilitam a fixação do azoto, levando à produção de aminoácidos. As sementes de *Mucuna bracteata* pesam entre 90 a 190 mg cada e caracterizam-se pela sua cor preta. Estas sementes, sendo leguminosas, oferecem benefícios individuais para a saúde e podem ser consumidas diretamente. A folhagem da planta forma um dossel de sombra sobre o solo que cobre, atingindo uma altura de cerca de 30 a 50 cm acima do solo. Sendo uma planta rasteira, cresce rapidamente e controla eficazmente as populações de ervas daninhas nas áreas cultivadas. Além disso, a libertação da folhagem pela planta contribui para excelentes propriedades de cobertura vegetal e compostagem, enriquecendo o solo circundante.

Distribuição

A Mucuna está distribuída por várias regiões, incluindo o Nordeste da Índia, o Laos, Myanmar, a Tailândia, o Vietname e a China. *A Mucuna bracteata* é originária de zonas florestais do Norte da Índia, particularmente do Estado de Tripura, uma região que se estende até ao Bangladesh e se situa a sudoeste da China. Na Índia, esta cultura de cobertura é especificamente utilizada em Kerala, onde é incorporada nas plantações de borracha locais. O principal objetivo da integração da *Mucuna bracteata* nestas plantações de borracha é melhorar a saúde e a fertilidade do solo, aumentando os níveis de azoto no solo. Esta prática ajuda a sustentar o crescimento das seringueiras e promove a produtividade global da plantação.

Utilizações

A Mucuna bracteata oferece numerosas vantagens em ambientes agrícolas. Esta cultura rasteira apresenta um crescimento rápido, expandindo-se cerca de 10-15 cm por dia, particularmente em plantações de borracha e óleo de palma. As suas principais funções incluem a proteção do solo contra a erosão, o aumento do teor de matéria orgânica e a ajuda na retenção da humidade. Ao minimizar as perdas de nutrientes através da lixiviação e ao suprimir a competição das ervas daninhas, *a M. bracteata* contribui para melhorar a fertilidade do solo e o crescimento das culturas. Sendo uma planta leguminosa, facilita a fixação de azoto, tornando os nutrientes essenciais prontamente disponíveis para a cultura principal. Além disso, *a M. bracteata* mantém o seu vigor durante os períodos de calor e pode desenvolver-se em zonas sombreadas. Os seus elevados níveis de compostos fenólicos tornam-na intragável para o gado, servindo assim como um dissuasor natural contra os animais que pastam. Além disso, a sua resiliência às condições de seca e a redução do risco de incêndio durante o tempo seco tornam-na um ativo valioso nas paisagens agrícolas.

Impacto ambiental

A presença de *Mucuna bracteata,* uma trepadeira perene de crescimento rápido, rasteira e agressivamente trepadora, pode ter impactos ambientais significativos, particularmente em ecossistemas florestais. O seu crescimento gregário e o seu comportamento trepador permitem-lhe cobrir rapidamente o solo e trepar a árvores bem estabelecidas, acabando por sufocar e tornar anã a vegetação nativa. Este crescimento agressivo pode levar à supressão total das árvores nativas, uma vez que as trepadeiras as cobrem completamente e impedem a sua atividade fotossintética. Como resultado, as árvores afectadas podem morrer gradualmente, levando a uma perda de biodiversidade e à degradação do habitat.

Em áreas onde *a Mucuna bracteata* invade habitats florestais naturais, representa uma séria ameaça para a vida selvagem. A capacidade da trepadeira para sufocar e suprimir a vegetação nativa pode perturbar o equilíbrio ecológico e diminuir os recursos alimentares e de abrigo para várias espécies. Em habitats declarados como santuários de vida selvagem ou habitats ricos em elefantes, como as áreas adjacentes às plantações da ARC, a presença desta erva invasora pode afetar significativamente as populações de animais selvagens. Os esforços de remoção utilizando maquinaria como JCBs revelaram-se ineficazes, uma vez que mesmo pequenos restos do sistema radicular da planta podem levar a um crescimento vigoroso, tornando a erradicação um desafio, uma vez estabelecida a erva daninha.

Globalmente, o impacto ambiental de *M. bracteata* inclui a degradação do habitat, a perda de biodiversidade, a perturbação do funcionamento do ecossistema e ameaças às populações de animais selvagens. São essenciais estratégias de gestão eficazes para controlar a propagação desta espécie invasora e atenuar os seus efeitos negativos nos ecossistemas florestais e nos habitats da vida selvagem.

Prevenção e controlo

Para controlar as infestações de *M. bracteata*, podem ser utilizados vários métodos. O controlo mecânico envolve o corte e a ceifa regulares das videiras para impedir a sua propagação e suprimir o seu crescimento. No entanto, este método pode estimular novos rebentos e raízes, levando a um novo crescimento. O arrancamento manual é outra opção, embora trabalhosa, particularmente eficaz em infestações de pequena escala, embora possa ser difícil remover completamente as videiras e tubérculos espessos do solo.

O controlo químico oferece uma abordagem mais orientada, com herbicidas selectivos como o glufosinato de amónio, o metsulfurão-metilo, o glifosato isopropilamina, o dicloreto de paraquato e o metil-arsonato dissódico, que visam eficazmente a *M. bracteate*, minimizando os danos à vegetação circundante. As combinações destes herbicidas podem aumentar a eficácia, com aplicações de substâncias como o triclopyr ou o glifosato diretamente nas videiras cortadas para evitar o recrescimento.

Os métodos de controlo biológico introduzem inimigos naturais ou agentes patogénicos específicos de *M. bracteata,* oferecendo potenciais soluções a longo prazo. No entanto, há que ter cuidado para evitar consequências ecológicas indesejadas. As técnicas de controlo cultural envolvem a plantação de culturas competitivas ou a implementação da rotação de culturas para interromper o ciclo de vida da infestante e reduzir a sua capacidade de estabelecer populações densas.

As estratégias de Gestão Integrada de Pragas (GIP) combinam estes métodos para uma gestão abrangente e sustentável. É crucial adaptar as abordagens às condições ambientais específicas e à escala das infestações de *M. bracteata*, com ênfase na minimização dos impactos ambientais e na promoção da sustentabilidade a longo prazo. A monitorização regular e as estratégias de gestão adaptativa são essenciais para o controlo eficaz de *M. bracteata.*

Parthenium hysterophorus

A Parthenium hysterophorus L., membro da família Asteraceae, é originária dos trópicos americanos. É conhecida por vários nomes, incluindo Santa-Maria, Santa Maria feverfew, whitetop weed e famine weed. Na Índia, é referida como erva da cenoura, erva do congresso ou gajar ghas/dhanura.

A Parthenium hysterophorus infiltra-se em zonas perturbadas, como as bermas das estradas, e infesta pastagens e terrenos agrícolas, levando frequentemente a perdas significativas de culturas, daí a sua alcunha de "erva daninha da fome". Nalgumas regiões, os surtos generalizados tiveram graves repercussões no gado, no rendimento das culturas e na saúde humana. A planta produz substâncias químicas alelopáticas que impedem o crescimento de outras plantas e contém alergénios que afectam tanto os seres humanos como os animais, provocando frequentemente alergias ao pólen.

Investigações recentes indicaram também o seu papel na promoção da malária, proporcionando condições favoráveis aos mosquitos na África Oriental. Apesar da sua natureza invasiva, estão em curso esforços para explorar os seus potenciais benefícios, incluindo a sua capacidade de remover metais pesados e corantes do ambiente, controlar ervas daninhas aquáticas, produzir enzimas comerciais, servir como biopesticida e aumentar a produção de biogás quando adicionado ao estrume. No entanto, devido às suas caraterísticas invasivas, *a P. hysterophorus* foi incluída na lista de espécies exóticas invasoras que suscitam preocupação na União Europeia, proibindo a sua importação e venda em toda a UE.

Posição sistemática

Família: Asteraceae

Género: Parthenium

Espécies: *P. hysterophorus*

O Parthenium hysterophorus é também conhecido por vários sinónimos: *Argyrochaeta bipinnatifida, Argyrochaeta parvflora, Parthenium glomeratum* e *Parthenium lobatum.* É vulgarmente conhecida em inglês como Carrot Grass, Congree Grass, Congress Grass e Santa Maria Feverfew. Em hindi, é referida como Gajar Ghas e Chatak Chandani, e em malaiala, é conhecida como Congress Pacha.

Descrição

Parthenium hysterophorus

A P. hysterophorus é uma planta herbácea perfumada, anual (ou por vezes perene de curta duração) com um hábito de crescimento ereto e ramificado e uma raiz principal profunda. Reproduz-se principalmente através de sementes e apresenta um crescimento vigoroso. No seu habitat neotropical nativo, atinge tipicamente alturas de 30-90 cm, embora em ambientes não nativos possa crescer mais alto, atingindo até 1,5 m ou mesmo 2,5 m. Após a germinação, a planta jovem forma uma roseta basal de folhas verdes pálidas, pubescentes, profundamente lobadas e fortemente dissecadas, medindo 8-20 cm de comprimento e 48 cm de largura. Esta fase de roseta pode persistir durante longos períodos, nomeadamente em condições adversas como o stress hídrico ou o frio. À medida que o caule se alonga, produz folhas mais pequenas e estreitas alternadamente ao longo do seu caule pubescente, rígido e longitudinalmente estriado, que se torna lenhoso com a idade. Tanto as folhas como os caules estão cobertos por tricomas curtos e macios, com quatro tipos distintos identificados, considerados taxonomicamente significativos dentro do género.

As flores de *P. hysterophorus* encontram-se tanto na extremidade como nas axilas das folhas, sendo pedunculadas e ligeiramente peludas. São constituídas por numerosos floretes dispostos em pequenos capitulos brancos, medindo tipicamente 3-5 mm de diâmetro. Cada capitulo é composto por cinco floretes de raios férteis (embora por vezes mais) e cerca de 40 floretes de discos masculinos. O primeiro capitulo forma-se na axila da folha terminal, seguido de capitulos subsequentes que se desenvolvem progressivamente ao longo do caule em ramos laterais que surgem das axilas das folhas inferiores. Durante a estação de crescimento, podem ser produzidas milhares de inflorescências no ápice da planta, formando cachos ramificados. As sementes, ou aquénios, são pretas, achatadas e têm cerca de 2 mm de comprimento, cada uma com dois apêndices espatulados finos, cor de palha, no ápice, conhecidos como floretes estéreis. Estes apêndices actuam como sacos de ar, ajudando na dispersão das sementes.

Distribuição

A Parthenium hysterophorus espalhou-se por várias regiões do mundo. Originalmente nativa da América do Norte, foi introduzida em África, na Ásia, na Austrália, na Europa e em partes do Médio Oriente. Na América do Norte, pode ser encontrada em regiões como o centro-norte dos Estados

Unidos, o nordeste dos Estados Unidos, o centro-sul dos Estados Unidos e o sudeste dos Estados Unidos. Além disso, invadiu áreas no sul da América. Na Ásia, entrou em países como a China, o Japão, a Coreia, Taiwan e várias partes da Ásia Ocidental e Oriental, incluindo a Palestina. A sua presença é também notada no subcontinente indiano. Na Austrália, estabeleceu-se na Australásia. Na Europa, difundiu-se na Europa Central.

Pensa-se que a *P. hysterophorus* entrou na Índia através de cereais alimentares importados dos EUA. O primeiro registo documentado de Parthenium na Índia data de 1810, em Arunachal Pradesh. Foi formalmente identificado e descrito em Pune (antiga Poona), Maharashtra, em 1955. Desde então, espalhou-se rapidamente pela maior parte do subcontinente indiano. Atualmente, *a P. hysterophorus* está presente em todos os estados da Índia, causando desafios ecológicos e agrícolas significativos.

Impacto ambiental

A P. hysterophorus representa uma ameaça ecológica significativa devido à sua falta de predadores e à sua resistência ao pastoreio pelo gado. Este facto perturba a cadeia alimentar e altera as estruturas tróficas, conduzindo a desequilíbrios ecológicos. Estudos demonstraram que o índice de valor de importância (IVI) do Parthenium permanece elevado em áreas cultivadas e não cultivadas ao longo de diferentes estações do ano, indicando o seu domínio persistente. Além disso, foi relatado que os lixiviados de Parthenium inibem as bactérias fixadoras de azoto e nitrificantes, causando efeitos tóxicos prolongados nos ambientes do solo.

A natureza invasiva do Parthenium estende-se para além da Índia, afectando habitats em países como a Austrália e o Nepal. Verificou-se que altera irreversivelmente prados, bosques, margens de rios e planícies aluviais nativos. As propriedades alelopáticas do Parthenium permitem-lhe competir com as espécies vegetais autóctones, reduzindo a biodiversidade e ameaçando a flora indígena. As áreas infestadas com Parthenium apresentam frequentemente um declínio significativo na diversidade e abundância de plantas, levando à perda de recursos vitais de pastagem para os animais.

Os efeitos nocivos do Parthenium estendem-se à saúde dos animais de pasto e aos ecossistemas aquáticos. Os animais que consomem Parthenium podem desenvolver dermatites graves e sofrer de problemas gastrointestinais, hepáticos e renais, levando por vezes à morte. As substâncias químicas libertadas pelo Parthenium podem também contaminar os ambientes aquáticos, afectando a vida das plantas aquáticas. Estudos realizados na Etiópia e na Austrália mostraram que as infestações de Parthenium conduzem a uma diminuição da cobertura vegetal, da composição do banco de sementes e da diversidade geral das plantas, agravando ainda mais o seu impacto ecológico.

Utilizações

A P. hysterophorus possui várias propriedades benéficas, apesar de ser considerada uma erva daninha problemática. Verificou-se que o seu composto e o estrume de folhas verdes reduzem eficazmente as populações de ervas daninhas nos campos de arroz, o que é atribuído aos compostos alelopáticos presentes na planta. Além disso, estas aplicações contribuem para aumentar a humidade do solo e o teor de nutrientes, reduzindo simultaneamente a incidência de pragas nas culturas de arroz. As substâncias alelopáticas encontradas no Parthenium também foram exploradas quanto ao seu potencial como insecticidas, herbicidas, fungicidas e nematicidas, mostrando aplicações versáteis na gestão de pragas em diferentes contextos agrícolas.

Além disso, os extractos de Parthenium mostraram propriedades promissoras de repelência e de dissuasão da oviposição contra certas pragas de insectos, bem como efeitos inibitórios sobre os agentes patogénicos bacterianos que infectam as plantas. Para além da agricultura, o Parthenium tem sido utilizado em vários outros sectores. Por exemplo, observou-se que a suplementação foliar de extrato de folhas de Parthenium melhora o crescimento e a produtividade dos bichos-da-seda, levando a um aumento do rendimento da seda. Além disso, o Parthenium tem sido explorado para a produção de ácido oxálico, biogás e proteínas de alta qualidade para a alimentação do gado, destacando o seu potencial na utilização de recursos e na gestão de resíduos.

Em termos de benefícios sociais, o Parthenium tem uma história de utilização medicinal tradicional nas suas regiões de origem, onde é empregue no tratamento de várias doenças, tais como doenças intestinais e cutâneas. Apresenta propriedades antivirais, antifúngicas, antibacterianas e anti-inflamatórias, o que contribui para a sua versatilidade medicinal. Além disso, foi relatado que o Parthenium possui actividades antitumorais e antiamoébicas, expandindo ainda mais as suas potenciais aplicações terapêuticas nos cuidados de saúde.

No domínio dos serviços ambientais, o Parthenium oferece capacidades de bioremediação para solos e fontes de água contaminados com chumbo e níquel. Os seus efeitos alelopáticos, particularmente através da produção de partenina, não só inibem o crescimento de certas espécies de plantas como também estimulam o crescimento de outras em doses subtóxicas, demonstrando o seu potencial para a restauração ecológica e a gestão de espécies invasoras.

Impacto ambiental

Em Kerala, a invasão de P. hysterophorus, também conhecida como erva do Congresso ou erva daninha da cenoura, teve repercussões significativas a nível ecológico, agrícola e de saúde pública. Ecologicamente, o seu crescimento agressivo perturba os ecossistemas nativos ao ultrapassar as espécies vegetais indígenas, diminuindo assim a biodiversidade e alterando as estruturas dos habitats. Esta invasão resulta frequentemente na degradação de habitats naturais, como prados, bosques e margens de rios, o que, por sua vez, pode levar a desequilíbrios nos ecossistemas locais.

Do ponto de vista agrícola, o Parthenium representa um desafio considerável, uma vez que compete com as culturas por recursos essenciais como nutrientes, água e luz solar, reduzindo consequentemente o rendimento das culturas. A sua natureza alelopática agrava ainda mais o problema, inibindo o crescimento de outras plantas, aumentando as perdas agrícolas e os custos de produção devido à necessidade de medidas extensivas de controlo das infestantes.

Do ponto de vista da saúde pública, o Parthenium é um alergénio potente, capaz de provocar dermatites, problemas respiratórios e reacções alérgicas tanto nos seres humanos como nos animais. O pólen de Parthenium é particularmente alergénico, exacerbando doenças como a asma e a febre dos fenos em indivíduos susceptíveis. A sua proliferação em zonas urbanas e ao longo das bermas das estradas também contribui para a má qualidade do ar, amplificando assim as doenças respiratórias.

Os esforços para gerir o Parthenium em Kerala envolvem uma abordagem multifacetada, incluindo métodos de controlo mecânico, químico e biológico, como a remoção manual, a aplicação de herbicidas e a introdução de agentes de biocontrolo. Apesar destas intervenções, o Parthenium continua a propagar-se, colocando desafios persistentes aos ecossistemas, à agricultura e à saúde pública na região.

Prevenção e controlo

Controlo FísicoZMecânico

A prevenção da disseminação de sementes de Parthenium através da água corrente ou do vento constitui um desafio, mas medidas como a destruição das plantas antes da floração ou da fixação das sementes podem ajudar a reduzir a produção de sementes. A remoção contínua da erva daninha é necessária até que o banco de sementes no solo esteja esgotado. No entanto, os métodos de remoção física, como a extração manual e a queima, nem sempre são recomendados devido aos riscos para a saúde e à potencial promoção da dispersão de sementes. Os tratamentos mecânicos, como a gradagem, a ceifa e a lavoura, também são ineficazes e podem mesmo agravar o problema.

Controlo químico

Os métodos de controlo químico podem ser eficazes, especialmente em zonas onde não existem inimigos naturais. Foram utilizados vários herbicidas, incluindo a atrazina, a dicamba, o 2,4-D, o piclorame e o glifosato. No entanto, a aplicação generalizada de herbicidas pode ser economicamente inviável, ambientalmente indesejável e pode levar à resistência aos herbicidas. Além disso, alguns herbicidas têm efeitos prejudiciais em espécies não visadas e podem contaminar as águas subterrâneas.

Controlo biológico

O controlo biológico oferece uma solução sustentável a longo prazo para as infestações de Parthenium. Esta abordagem envolve a introdução de agentes de biocontrolo específicos do hospedeiro, tais como insectos e agentes patogénicos fúngicos. Na Austrália, vários agentes de biocontrolo foram estabelecidos com sucesso, incluindo *Zygogramma bicolorata, Epiblema strenuana, Listronotus setosipennis* e *Smicronyx Iutulentus.* Estes agentes provaram ser eficazes na redução das populações de Parthenium, embora a sua eficácia possa variar em função das condições climáticas. Além disso, outros métodos de controlo biológico, como a utilização de plantas antagonistas e micoherbicidas, estão a ser explorados como potenciais estratégias de gestão.

Pontederia crassipes

A Pontederia crassipes Mart. (anteriormente conhecida como *Eichhornia crassipes),* vulgarmente designada por jacinto-de-água-comum, é uma planta aquática originária da América do Sul. Naturalizou-se globalmente e torna-se frequentemente invasora fora da sua área de distribuição nativa. É, nomeadamente, a única espécie do subgénero Oshunae do género *Pontederia.* A planta é coloquialmente conhecida como o "terror de Bengala" devido às suas tendências de crescimento agressivo.

Posição sistemática

Família: Pontederiaceae

Género: *Pontederia*

Espécies: *P. crassipes*

A Pontederia crassipes, também conhecida pelos seus sinónimos *Eichhornia crassipes* (Mart.) Solms, *Eichhornia crassicaulis* Schltdl., *Pontederia elongata* Balf., é vulgarmente designada por vários nomes: Jacinto-de-água, Diabo lilás, Keladi Bunting, Kemeling Telur, etc.

Descrição

O jacinto-de-água é uma planta aquática flutuante conhecida pelos seus cachos de folhas arredondadas que têm caules esponjosos e flutuantes. Estes caules erguem-se a partir de uma base de raízes plumosas de cor púrpura escura que ficam penduradas abaixo da superfície da água. Os grupos de folhas da planta são frequentemente interligados por caules lisos e horizontais chamados estolhos, que permitem que a planta se espalhe pela água. Quando ligadas entre si, estas plantas formam tapetes ou jangadas densas e flutuantes que podem cobrir grandes áreas de água e lama. A planta também é conhecida pelas suas atraentes flores de cor lavanda a azul, que florescem em cachos acima da folhagem.

Pontederia crassipes

Caracterizada por uma rápida dispersão, crescimento e capacidade de reprodução, a infestação de jacinto de água tem consequências ambientais e socioeconómicas importantes. Estas incluem o esgotamento do oxigénio dissolvido em águas abertas, reduzindo as populações de peixes e danificando os barcos de pesca, o que afecta negativamente a sua eficiência em termos de combustível. Também dificulta o lançamento de redes ao cobrir a superfície da água e causa bloqueios em pequenos canais, rios e canais, levando a atrasos no transporte. Além disso, reduz o fluxo de água e a eficiência energética, causando danos nas centrais hidroeléctricas e bloqueios nos canais de irrigação. A potabilidade da água potável fica comprometida, representando potenciais riscos para a saúde, e a infestação aumenta os vectores de doenças, como os mosquitos.

Utilizações

Apesar de ser uma espécie invasora em muitas regiões, o jacinto de água tem várias utilizações práticas. Pode absorver e remover metais pesados e outros poluentes da água, o que o torna valioso para a bioremediação e a purificação da água. A sua elevada produção de biomassa torna-o uma fonte potencial de biocombustíveis como o biogás e o bioetanol. A planta pode ser transformada em ração animal, especialmente em regiões com recursos forrageiros limitados, e pode ser compostada para produzir fertilizante orgânico, enriquecendo o solo com nutrientes. Para além disso, os caules fibrosos do jacinto de água são utilizados para fazer vários artesanatos e têxteis, incluindo cestos, tapetes, cordas e papel. Em zonas húmidas construídas, é utilizado para tratar eficazmente as águas residuais. A planta também pode ser convertida em biochar para melhorar a saúde do solo e sequestrar carbono. Na medicina tradicional, o jacinto de água tem sido utilizado pelas suas propriedades anti-inflamatórias e antimicrobianas. Além disso, os tapetes densos que forma podem ajudar a evitar a erosão do solo em certos ambientes aquáticos. No entanto, a sua propagação descontrolada pode causar problemas ecológicos e económicos significativos, exigindo uma gestão e utilização cuidadosas.

Impacto nos organismos aquáticos

O jacinto de água causa inúmeros impactos negativos quando se infiltra em ambientes de água doce. Forma tapetes densos e impenetráveis que obstruem os cursos de água, impossibilitando a navegação, a pesca e quase todas as outras actividades aquáticas. Para além disso, reduz a biodiversidade ao ultrapassar as plantas nativas, tanto à superfície como abaixo da superfície da água. Estes tapetes também degradam a qualidade da água ao obstruir a interface ar-água, reduzindo significativamente os níveis de oxigénio na água e eliminando animais subaquáticos como os peixes.

O jacinto-de-água é uma das principais ervas daninhas de água doce na maior parte das regiões do mundo sem geadas e é considerada a planta aquática mais problemática. Apesar dos seus impactos negativos, tem sido largamente plantada como ornamental aquática devido às suas flores vistosas. A planta espalha-se rapidamente através da produção de estolhos ou plantas "filhas" e, embora nunca seja completamente erradicada, é necessária uma gestão para controlar o seu rápido crescimento, uma vez que os tapetes que forma podem duplicar de tamanho em 6-18 dias.

O Instituto de Ciências Alimentares e Agrícolas da Universidade da Florida (UF/IFAS) não recomenda o jacinto de água. É uma planta proibida de acordo com o Florida Department of Agriculture and Consumer Services (FDACS) Florida Noxious Weed Index e a Florida Prohibited Aquatic Plants List, o que torna a sua posse ilegal. A avaliação da UF/IFAS lista-a como proibida e o Florida Exotic Pest Plant Council (FLEPPC) classifica-a como uma espécie invasora de categoria I devido à sua capacidade de invadir e deslocar comunidades de plantas nativas.

O jacinto-de-água foi introduzido nos EUA em 1884, na Exposição dos Estados do Algodão em Nova Orleães, como planta aquática ornamental. Desde então, espalhou-se por sistemas de água doce em todo o sudeste, bem como na Califórnia e no estado de Washington. Na Flórida, o jacinto de água dominou a gestão das plantas durante um século, mas está agora sob controlo de manutenção, sendo significativamente menos abundante do que era no passado. Os gestores de plantas aquáticas esforçam-se por manter o jacinto de água a níveis mínimos para manter a capacidade de utilização dos rios e lagos.

Introduzido pela primeira vez como planta ornamental em 1896 no Jardim Botânico de Shibpur, em Bengala Ocidental, na Índia, o jacinto-de-água espalhou-se desde então como uma espécie infestante invasora, infestando massas de água doce em todo o país sob várias condições agro-climáticas. A União Internacional para a Conservação da Natureza (UICN) identificou o jacinto de água como uma das espécies invasoras mais perigosas a nível mundial devido à sua persistência e aos seus impactos socioeconómicos significativos.

Impacto em Kerala

O jacinto de água é uma das espécies invasivas mais notórias em Kerala. No Kerala, o jacinto-de-água é vulgarmente conhecido por "Vayalchennal" ou "Kulavazha" em malaiala. Esta planta aquática, introduzida para fins ornamentais, proliferou nos remansos e nas massas de água de Kerala. Os densos tapetes de jacinto de água obstruem o fluxo de água, reduzem os níveis de oxigénio na água e dificultam a circulação de barcos e as actividades de pesca. Estes tapetes também proporcionam locais de reprodução para os mosquitos, aumentando o risco de doenças transmitidas por vectores como a malária e a dengue em Kerala. O rápido crescimento da planta ultrapassa a vegetação aquática nativa, levando a um declínio da biodiversidade e afectando negativamente a pesca.

Prevenção e controlo

Controlo físico e mecânico

Para controlar o jacinto de água, as medidas preventivas são cruciais. A planta nunca deve ser introduzida em qualquer massa de água e, na Florida, é ilegal cultivar, introduzir, recolher ou transportar jacintos de água sem uma autorização. Pequenas infestações podem ser controladas através de arrancamento manual. Uma vez que o jacinto de água prospera em águas ricas em nutrientes, a redução das concentrações de nutrientes pode ajudar a diminuir o seu crescimento vigoroso.

A remoção física da erva daninha envolve normalmente a colheita manual e o corte in situ da planta. A instalação de telas ou barreiras na superfície para prender o tapete de ervas daninhas para corte pode facilitar este processo. No entanto, os métodos físicos são trabalhosos e, muitas vezes, não são óptimos ou impossíveis de remover em grandes áreas de captação. Esta planta prospera em vários ambientes de água doce e pode variar em tamanho de alguns centímetros a mais de um metro de altura. Apresenta flores de alfazema vistosas e folhas arredondadas e coriáceas presas a caules esponjosos, por vezes insuflados. O jacinto-de-água tem raízes escuras e emplumadas e pode ser confundido com a broca-de-rã *(Limnobium spongin),* que tem um aspeto algo semelhante.

Os métodos mecânicos envolvem a utilização de ceifeiras e máquinas de corte para remover o jacinto de água da água e transportá-lo para eliminação em terra.

Controlo biológico

O controlo biológico inclui a importação, o estudo e a libertação de três espécies de insectos para controlar o jacinto de água. Estes insectos reduzem coletivamente o tamanho e o vigor da planta, bem como a sua produção de flores e sementes, embora individualmente não sejam suficientes para a controlar.

Senna spectabilis

A Senna spectabilis, uma espécie da família das leguminosas (Fabaceae) e da subfamília Caesalpinioideae, é originária da América do Sul e Central. Conhecida pelas suas flores amarelas brilhantes que desabrocham no verão, é habitualmente plantada como ornamental em quintais, parques, jardins e à volta de edifícios. Esta planta também é conhecida por vários outros nomes, incluindo árvore maravilha dourada, cássia americana, árvore da pipoca, *Cassia excelsa,* árvore do chuveiro dourado e cássia de Archibald.

Apesar da sua atração ornamental, a Senna spectabilis tornou-se uma espécie exótica invasora em regiões como o Quénia, o Malawi, a Tanzânia e o Uganda, bem como no Sul da Índia. Inicialmente introduzida para lenha e para ajudar a combater os efeitos da desflorestação e da desertificação, está agora a ultrapassar as espécies de árvores nativas nos ecossistemas florestais a nível mundial. A sua rápida taxa de crescimento contribui significativamente para o seu potencial invasor.

Posição sistemática

Família: Fabaceae

Subfamília: Caesalpinioideae

Género: Senna

Espécies: S. spectabilis

A Senna spectabilis, também conhecida pelos seus sinónimos *Cassia spectabilis* DC. e *Pseudocassia spectabilis* (DC.) Britton & Rose, é comummente referida em inglês como Golden wonder tree, Cassia tree, Calceolaria Shower e Spectacular Senna. Em Kerala, é conhecida como

Manjakkonna.

Descrição

Senna svectabilis

A S. spectabilis, vulgarmente conhecida como a "árvore maravilha dourada" ou "árvore de cássia", é uma árvore de folha caduca nativa das regiões tropicais da América. Esta espécie de crescimento rápido pode atingir alturas de 15 a 20 metros (50 a 65 pés) num curto espaço de tempo e é conhecida pela sua capacidade de distribuir milhares de sementes após a floração. A Senna spectabilis é notável pela sua folhagem densa e flores amarelas vibrantes, mas também coloca desafios ecológicos em áreas não nativas devido à sua natureza invasora.

A árvore cresce tipicamente entre 15 a 20 metros de altura e tem uma extensão de 4,5 a 6 metros. Tem uma copa arredondada, em forma de vaso, densa e simétrica. As folhas são sempre verdes e estão dispostas alternadamente, com uma estrutura composta de forma ímpar e pinada. Cada folha é composta por 4 a 15 pares de folíolos, cada um com até 7,5 cm de comprimento. As lâminas das folhas, com 2 a 4 polegadas de comprimento, apresentam um ritmo circadiano conhecido como nictinástica, fechando à noite e abrindo ao amanhecer. A folhagem permanece verde e amarela durante todo o ano.

S'. spectabilis é uma árvore que pode crescer mais de dez metros de altura, com ramos que são geralmente tomentosos quando jovens. As folhas são moderadamente grandes, tipicamente cerca de vinte folíolos por folha. O pecíolo é curto, pubescente e sem glândulas, enquanto o ráquis tem cerca de 20 cm de comprimento, é igualmente eglandular e pubescente. Os folíolos são numerosos, lanceolados, medindo 3 a 8 cm de comprimento e cerca de 2 cm de largura, com pontas agudas e bases obtusas. São pubescentes na face inferior, especialmente ao longo das nervuras, e são puberulentos a quase lisos na face superior, parecendo menos baços do que em baixo. Os folíolos são opostos na ráquis, cada um com dez ou mais pares de nervuras laterais proeminentes e pecíolos com 2 a 3 mm de comprimento e pubescentes. A inflorescência é constituída por vários racemos terminais ou subterminais com várias flores. As brácteas são lanceoladas, com alguns milímetros de comprimento e caducas. As flores são amarelas, com cinco sépalas obovado-orbiculares, marcadamente desiguais, até 1 cm de comprimento e largura, e glabras a ligeiramente puberulentas. As cinco pétalas são maioritariamente obovadas, marcadamente desiguais, com até 2,5 cm de comprimento e 1,5 cm de largura, subglabras, com nervuras e com garras curtas. Existem dez estames, que são tri-mórficos: os três estames inferiores são os maiores, com anteras oblongas com cerca de 7 mm de comprimento, curto-rostradas apicalmente, deiscentes por poros terminais e com loculi um pouco convergentes terminalmente. Os quatro estames medianos têm anteras com 5-6 mm de comprimento, semelhantes às dos três estames inferiores, mas com um rostro reflexo e lóculos divergentes. Os três estames superiores são marcadamente diferentes, mais ou menos rudimentares, com anteras nitidamente bilobadas, cada lóbulo reniforme e deiscente ao longo da margem externa. O ovário é linear e glabro. A leguminosa é linear, túrgida-quadrangular, com até 20 cm de comprimento e 1 cm de largura, multiseptada transversalmente e deiscente ao longo de uma margem ao longo do tempo.

As flores amarelas brilhantes formam inflorescências com 10 a 50 cm de comprimento. Cada flor tem uma corola de 3,5 a 4 cm de diâmetro com cinco pétalas desiguais, o que torna as flores muito vistosas. Estas flores produzem frutos alongados, em forma de vagem, com cerca de 6 a 12 polegadas de comprimento. O fruto é uma vagem seca e deiscente, de cor preta ou acastanhada, que contém numerosas sementes achatadas e castanhas, cada uma com cerca de 0,5 cm de diâmetro.

A \ spectabilis tem troncos múltiplos com diâmetros de até cerca de 30 cm (12 polegadas). Os ramos são caídos com casca cinzenta lisa marcada por linhas horizontais. À medida que a planta amadurece, desenvolve muitas verrugas e largas faixas verticais de lenticelas. No primeiro ano de desenvolvimento, o caule é finamente peludo. A árvore é polinizada por abelhas e tem um crescimento muito rápido. A folhagem espessa da Senna spectabilis pode travar o crescimento de outras espécies autóctones de árvores e gramíneas, levando à escassez de alimentos para a vida selvagem, especialmente para os herbívoros. Também afecta negativamente a germinação e o crescimento de espécies vegetais autóctones.

Distribuição

A Senna spectabilis é nativa da América do Sul, tendo sido avistada pela primeira vez no Brasil tropical oriental e na costa do Equador. Com o tempo, espalhou-se pela América Central e pelas Índias Ocidentais, prosperando em vários habitats florestais até 2000 metros de altitude, incluindo florestas tropicais, florestas semi-decíduas e secas, florestas montanhosas e vales secos. A planta requer luz solar plena e solo bem drenado, e pode adaptar-se a uma vasta gama de tipos de solo, desde argila e areia húmidas a solos argilosos, ligeiramente alcalinos e ácidos, mesmo solos pobres de algodão preto, embora tenha dificuldades em solos com elevadas concentrações de sais de aerossóis. Devido à sua natureza invasiva, a Senna spectabilis encontra-se atualmente em zonas tropicais de todo o mundo, não sendo conhecidas doenças que afectem o seu crescimento.

Utilizações

A Senna spectabilis possui várias propriedades medicinais, incluindo o tratamento da micose e de doenças da pele. Os extractos das suas folhas demonstram uma atividade antifúngica significativa, particularmente contra a Candida albicans, e é eficaz contra agentes patogénicos de origem alimentar. A planta produz substâncias metabólicas essenciais como alcalóides de piperidina, terpenóides pentacíclicos e antraquinonas, que são utilizados em produtos farmacêuticos e na medicina tradicional para o tratamento de várias doenças. Nos Camarões, os curandeiros tradicionais utilizam a S. spectabilis para tratar a epilepsia, a obstipação, a insónia e a ansiedade. Estudos realizados em ratos mostraram os efeitos anticonvulsivos da planta, com proteção completa em convulsões induzidas por PTZ em doses baixas e até 75% de proteção em convulsões induzidas por PC, provavelmente devido à ação no recetor do complexo GABA. Além disso, a S. spectabilis é utilizada na agrofloresta como árvore de sombra e para forragem, cobertura vegetal, lenha e produção de mel. A sua madeira, pesada e resistente às térmitas quando seca, é utilizada para cabos de ferramentas, caixas, mobiliário e materiais de construção, bem como para combustível e carvão. Introduzida em África como ornamental e marcador de fronteiras, *a*

X spectabilis pode invadir florestas perturbadas, suprimindo a regeneração de espécies nativas. Em Tamil Nadu, é atualmente utilizada para a produção de papel para gerir a sua propagação na Reserva de Tigres de Mudumalai.

Impacto ambiental

Como espécie invasora, *a X. spectabilis* representa uma ameaça para os ecossistemas nativos, ao ultrapassar a vegetação indígena, reduzir a biodiversidade e alterar a dinâmica dos ecossistemas. O seu crescimento rápido, a sua produção prolífica de sementes e a sua capacidade de rebentar vigorosamente após o corte permitem-lhe estabelecer rapidamente matagais densos, deslocando as espécies de plantas nativas e perturbando os habitats naturais. Além disso, *a X. spectabilis* pode formar monoculturas, agravando ainda mais o seu impacto na biodiversidade local. Os seus efeitos alelopáticos, em que liberta substâncias químicas que inibem o crescimento de outras plantas, aumentam ainda mais a sua vantagem competitiva sobre a flora nativa. Além disso, a densa copa criada pela *X. spectabilis* pode alterar a disponibilidade de luz, os níveis de humidade do solo e o ciclo de nutrientes, afectando ainda mais os processos do ecossistema. Em áreas onde invade terrenos agrícolas, a S. spectabilis pode reduzir o rendimento das culturas e exigir medidas de controlo adicionais, levando a perdas económicas para os agricultores.

A Senna spectabilis, originária da América tropical, é uma árvore de médio a grande porte conhecida pelo seu crescimento rápido, floração prolífica e produção extensiva de sementes. Contudo, a sua capacidade de rebentar rapidamente após o corte contribuiu para o seu estatuto de planta invasora em várias regiões do mundo. No Uganda, é classificada como uma espécie exótica invasora que representa uma ameaça significativa para a flora nativa.

Inicialmente introduzida para criar sombra, os agricultores da Tanzânia utilizaram-na mais tarde como vedações vivas para impedir a depredação das culturas pela vida selvagem. Na Austrália, naturalizou-se e é considerada uma erva daninha, capaz de se espalhar rapidamente e formar monoculturas, enquanto em Singapura, Cuba, Trinidad e Tobago, foi identificada como invasora. Os registos históricos indicam a sua presença na Colômbia desde 1832, sendo as introduções nas Antilhas provavelmente originárias da sua América do Sul de origem. Foi introduzida em Porto Rico por volta de 1954 e desde então tem-se espalhado extensivamente, particularmente nos flancos sul da Cordilheira Central. Em África, a S. spectabilis foi introduzida por operadores de serrações indianos ou europeus para fazer face à desflorestação e à escassez de lenha. No entanto, invadiu os ecossistemas florestais, ultrapassando as espécies nativas devido à sua rápida colonização e densos matagais. Introduzida na Tanzânia antes de 1967, foi mais tarde cultivada como vedações vivas e é agora reconhecida como uma espécie exótica invasora em partes do Quénia, Malawi, Tanzânia e Uganda.

Impacto em Kerala

A Senna spectabilis foi classificada como uma espécie de risco médio na avaliação do Invasive Ranking (I-Ranking) efectuada pelo Kerala Forest Research Institute em 2012. Introduzida no Santuário de Vida Selvagem de Wayanad em 1986, inicialmente como árvores de sombra plantadas no complexo do gabinete florestal em Muthanga, o seu potencial invasor não foi reconhecido durante vários anos. No entanto, após cerca de 25 anos, foi observada uma regeneração significativa de S. spectabilis no santuário. Reconhecendo o impacto negativo na flora e fauna nativas, o departamento florestal iniciou esforços de gestão para travar a sua propagação, embora seja conhecida localmente como "manja konna" em Kerala. Atualmente, cerca de

40% do santuário foi invadido por S. spectabilis, o que constitui uma ameaça para a disponibilidade de forragem para os elefantes, em especial durante os meses críticos de verão, o que poderá potencialmente agravar os conflitos entre humanos e elefantes no futuro. Os traços invasivos agressivos da espécie, incluindo o crescimento rápido, a adaptabilidade a vários tipos de vegetação, os efeitos alelopáticos, a produção prolífica de sementes, a cobertura densa do dossel, a capacidade de rebrotar vigorosamente e a falta de palatabilidade, sublinham ainda mais a urgência de abordar a sua propagação.

Prevenção e controlo

Controlo físico

Os esforços iniciais para gerir *a Senna spectabilis* envolveram o corte da casca a toda a volta da árvore ou do ramo e a aplicação de querosene na área descascada. Este método foi utilizado em 19.500 árvores e avaliado por peritos do Wildlife Trust of India (WTI). O estudo constatou que apenas uma pequena percentagem de árvores morreu completamente após oito meses, com um elevado número de rebentos de talhadia a brotar das árvores descascadas. O método de corte continuou em diferentes locais nos anos seguintes, mas não conseguiu parar ou limitar a propagação da Senna spectabilis. Em vez disso, os esforços de gestão facilitaram inadvertidamente a propagação, estimulando a regeneração de sementes no solo e o crescimento de múltiplos rebentos de talhadia a partir de cada árvore tratada. Um controlo físico eficaz exigiria a remoção contínua das plântulas à mão, especialmente durante a estação das monções, quando o solo está húmido, permitindo a remoção completa do sistema radicular. Além disso, o descasque das árvores adultas durante o verão, combinado com a remoção constante das árvores adultas e a poda dos ramos, pode ajudar a reduzir a floração e a frutificação, limitando assim a dispersão das sementes.

Controlo químico

Embora a estratégia de gestão inicial incluísse a utilização de querosene na zona descascada, o controlo químico global da *Senna spectabilis* não foi amplamente descrito nas informações fornecidas. No entanto, dada a resiliência da espécie e a sua capacidade para fazer brotar rebentos de talhadia, subentende-se que os métodos químicos, por si só, são insuficientes para uma erradicação eficaz. Para uma abordagem mais abrangente, pode ser considerada a integração de herbicidas com métodos de controlo físico, mas tal necessitaria de uma avaliação cuidadosa para evitar um maior impacto ecológico.

Controlo biológico

Para evitar que os espaços abertos criados pela remoção de *Senna spectabilis* sejam infestados por outras espécies invasoras, como *Lantana camara* e *Chromolaena odorata,* recomenda-se a eco-restauração com espécies nativas adequadas às condições do local. A compreensão das interações entre *S. spectabilis* e os dispersores nativos é crucial para uma melhor gestão. Além disso, é necessária uma investigação pormenorizada sobre a ecologia de *S. spectabilis* e o seu impacto na vegetação nativa e na vida selvagem. A cartografia das áreas onde *S. spectabilis* está presente e a monitorização das alterações nas populações existentes através de inquéritos nos Ghats Ocidentais fornecerão informações essenciais para a gestão da espécie na paisagem. A prioridade para a erradicação deve ser dada a áreas de baixa densidade para evitar uma maior propagação, especialmente onde as plantas são mais jovens e invadiram recentemente.

CONCLUSÃO

Em conclusão, este livro sobre as espécies invasivas de Kerala lançou luz sobre as ameaças ecológicas significativas colocadas por Camonea vitifolia, Chromolaena odorata, Hyptis suaveolens, Lantana camara, Mikania micrantha, Mimosa diplotricha Sauvalle, Mucuna bracteata, Parthenium hysterophorus, Pontederia crassipes e Senna spectabilis. Estas espécies invadiram os delicados ecossistemas de Kerala, ultrapassando a flora nativa e perturbando o equilíbrio dos habitats naturais. A sua propagação descontrolada não só diminui a biodiversidade como também tem impactos adversos na agricultura, na saúde humana e nas economias locais.

Além disso, a documentação destas espécies invasoras sublinha a urgência de estratégias de gestão proactivas para mitigar os seus efeitos negativos. Através de esforços de colaboração envolvendo agências governamentais, organizações de conservação e comunidades locais, é crucial implementar medidas de controlo abrangentes, como a erradicação, a contenção e o controlo biológico. Para além disso, a sensibilização do público para as consequências das espécies invasoras e a promoção do cultivo de espécies vegetais autóctones podem ajudar a evitar uma maior propagação e a restaurar a integridade ecológica.

Face à escalada dos desafios ambientais, os conhecimentos compilados neste livro constituem um recurso valioso para decisores políticos, investigadores e partes interessadas que se esforçam por preservar a rica biodiversidade de Kerala e salvaguardar o seu património natural para as gerações futuras. Ao enfrentar a ameaça das espécies invasoras e ao adotar práticas de gestão sustentáveis, podemos lutar por uma coexistência mais resistente e harmoniosa entre os seres humanos e a natureza em Kerala.

REFERÊNCIAS

- Devika S. Kumar, M. Rajendraprasad, 2023, Role of biological characteristics in the success of invasive alien plant species in tropical ecosystems of Thiruvananthapuram District, Kerala, India, Ata Ecologica Sinica,43 (5) : 764-775.
- Sajeev, T.V., Sankaran, K.V., Suresh, T.A. 2012. As plantas invasoras alienígenas são uma ameaça para as florestas de Kerala? Documentos Ocasionais do KFRI
- Suresh, T. A., Sankaran, K.V., Sajeev, T.V. 2013. MANUAL SOBRE PLANTAS INVASORAS DE KERALA.
- https://www.cabi.org/what-we-do/invasive-species

MIX
Papier aus verantwortungsvollen Quellen
Paper from responsible sources
FSC® C105338

Printed by Books on Demand GmbH, Norderstedt / Germany